DORURE. — ARGENTURE

CUIVRAGE. — NICKELAGE

GALVANOPLASTIE

DORURE - ARGENTURE

CUIVRAGE. -- NICKELAGE

GALVANOPLASTIE

MANUEL PRATIQUE

PAR

DONATO TOMMASI

Docteur ès-sciences,

Avec figures dans le texte.

PARIS

B. TIGNOL, Éditeur

Acquéreur des publications scientifiques, industrielles et agricoles
de la Maison E. LACROIX.

53 BIS, QUAI DES GRANDS-AUGUSTINS, 53 BIS

PRÉFACE

L'ouvrage que nous offrons au public est spécialement destiné aux praticiens et aux amateurs.

Parmi les nombreuses méthodes qui ont été proposées nous avons choisi celles qui nous ont paru les plus simples et les plus pratiques et qui nous ont toujours donné de bons résultats.

Nous avons divisé notre ouvrage en deux parties:

Dans la première partie nous avons traité d'une façon assez complète du décapage des métaux, des dépôts métalliques qui s'obtiennent par simple immersion et sans le concours du courant électrique, tels que la dorure, l'argenture, le cuivrage, l'étamage etc., dits au *trempé* ; des dépôts métalliques par voie de double affinité, c'est-à-dire des dépôts qui s'effectuent dans certains liquides en présence de deux métaux, dont l'un se substitue au métal en dissolution pendant que l'autre reçoit le dépôt du métal qui était primitivement en dissolution, tels que les procédés de cuivrage de Weill et d'étamage de Roseleur ; des principales piles et machines dynamo-électriques employées en galvanoplastie, ainsi que du platinage, de la dorure, de l'argenture, du cuivrage, du nickelage etc., galvaniques, c'est-à-dire obtenus par l'action du courant électrique.

Dans la deuxième partie, nous avons traité de la galvanoplastie proprement dite, c'est-à-dire, non-seulement des opérations qui constituent l'art de reproduire par l'électricité un objet donné mais encore de tous les dépôts métalliques en couches épaisses.

Enfin nous avons fait suivre cette dernière partie d'un appendice dans lequel nous avons décrit les unités de mesure, les équivalents électrochimiques et les constantes thermiques des corps.

Nous avons à peine besoin de dire que des renseignements très précieux nous ont été fournis, dans la composition de ce *Manuel pratique de galvanoplastie*, par plusieurs ouvrages français et étrangers ; toutefois nous devons dire que pour la plupart de ces renseignements nous avons notamment mis à contribution les remarquables articles sur la dorure, l'argenture et la galvanoplastie publiés, par De Plazanet dans les *Annales du Génie civil*.

Nous recevrons toujours avec reconnaissance les documents et réclamations qu'on voudra bien nous communiquer (45, rue Jacob, à Paris) et serons heureux de mettre, dans la mesure du possible, notre modeste expérience à la disposition de nos lecteurs.

D. TOMMASI.

PREMIÈRE PARTIE

DÉPOTS MÉTALLIQUES EN COUCHES MINCES

Les applications de la galvanoplastie se sont tellement multipliées depuis quelques années qu'il est presque impossible de trouver une industrie qui ne se rattache par quelques points à l'une de ces applications.

En présence de ce développement déjà si considérable et chaque jour croissant des arts galvanoplastiques et de la tendance du public à demander à la science de l'électrométallurgie soit une économie de main d'œuvre, soit une perfection de travail, soit un mode d'ornementation que les anciennes méthodes ne pouvaient donner, nous avons cru qu'il ne serait pas inutile de lui faire connaître, au moins d'une manière succincte, les vrais principes de cette science et les méthodes opératoires qui amènent sûrement au résultat désiré.

Jusqu'à une époque peu éloignée de nous, on ne

savait appliquer l'or et l'argent que par des moyens mécaniques ou à l'aide d'un intermédiaire d'un emploi désastreux pour la santé des ouvriers, le *mercure*.

Les anciens avaient, comme nous, été séduits par l'aspect des métaux précieux ; l'or et l'argent décoraient leurs temples et leur palais. Ils appliquaient ces métaux soit en lames, soit en feuille mince analogues à celles que font les batteurs d'or.

Plus tard, au moyen âge, on parvint à dorer les objets en cuivre ou en laiton à l'aide du mercure ; on se fait difficilement une idée des désastres causés par l'emploi de cet agent dans les ateliers de dorure. La découverte des savants illustres qui ont créé l'électrochimie et la galvanoplastie n'aurait-elle eu d'autre résultat que celui de supprimer cette cause permanente de destruction pour un nombre considérable d'ouvriers, qu'elle devrait être regardée comme l'une des plus grandes et des plus utiles découvertes des temps modernes : mais ses conséquences ont été plus étendues et plus importantes.

Grâce aux perfectionnements des arts galvanoplastiques, il n'est pas aujourd'hui de ménage si pauvre qu'il ne puisse se donner au moins les apparences du confortable et du luxe qui sont devenus un besoin pour tous.

D'autres applications de l'électricité à la décomposition des solutions métalliques prendront certainement naissance, et notre siècle est peut-être destiné à voir la métallurgie actuelle fondée sur l'action de la chaleur, remplacée par une métallurgie reposant sur l'emploi de l'électricité.

Les dépôts métalliques s'obtiennent tantôt par simple affinité chimique, tantôt en recourant à l'électricité dynamique, et s'effectuent dans des solutions salines ou *bains* dont la composition varie pour chaque métal.

Lorsqu'on emploie l'électricité, on peut se proposer deux ordres de résultats différents :

1° Ou bien on a pour but de déposer sur un métal pauvre une couche mince continue et adhérente d'un métal plus précieux et moins oxydable. C'est le cas de la dorure, de l'argenture et du platinage du cuivre, du cuivrage du zinc et de la fonte. etc.. etc.

2° Ou bien on veut obtenir une couche de métal continue, mais non adhérente et assez épaisse pour pouvoir, au besoin, se séparer de l'objet sous-jacent et en donner une reproduction exacte. C'est le but de la *galvanoplastie* proprement dite.

Quand on opère sans le secours de l'électricité, on ne peut obtenir que des couches minces, et les résultats sont de même nature que ceux du premier des deux cas que nous venons d'examiner. On donne à ces dépôts le nom de *dépôts directs* ou par simple immersion : les plus usités sont les dépôts d'or et d'argent.

Il serait peut-être téméraire d'affirmer que les *dépôts directs* s'effectuent sans le secours de l'électricité ;

en effet, la présence de deux métaux différents au sein du liquide forme une véritable pile voltaïque ; et nous avons toujours deux métaux savoir : le métal précipitant et le métal précipité.

Quoi qu'il en soit, nous maintiendrons ce nom aux dépôts effectués sans qu'on ait besoin d'avoir recours à une source d'électricité extérieure au bain lui-même.

Enfin, il existe des dépôts dits *par double affinité*, qui se produisent par le contact de deux métaux dans des solutions convenables. Les exemples les plus remarquables de ces dépôts sont l'étamage par le procédé Roseleur, et le cuivrage par le procédé Weill.

DÉCAPAGES.

Avant de commencer l'étude de ces différents dépôts, il est indispensable de connaître la préparation des pièces ou *décapage*.

Le *décapage* est l'opération ou la série d'opérations qui a pour but d'enlever de la surface des objets toute trace d'un corps étranger quelconque et de lui faire présenter la netteté la plus parfaite avant son immersion dans le bain.

Cette préparation est de la dernière importance, car s'il est impossible d'obtenir un bon dépôt dans un mauvais bain, il ne l'est pas moins d'obtenir dans un excellent bain un bon dépôt sur une pièce mal décapée.

Le décapage n'est pas le même pour tous les métaux, et il peut être *mécanique* ou *chimique*.

Le décapage chimique donne des résultats bien plus
parfaits que le décapage mécanique, mais il ne
peut malheureusement s'appliquer qu'au cuivre et à
ses alliages. Pour tous les autres métaux, on peut
avoir recours à l'action chimique pour commencer le
décapage, mais il est presque toujours nécessaire de
le terminer mécaniquement.

Décapage du cuivre et de ses alliages.

Le décapage que nous allons décrire peut s'appliquer au cuivre rouge, au bronze, au laiton, au maillechort, au similor, à l'or de Manhein, etc.

On commence par détruire les corps gras qui se
trouvent toujours à la surface des objets et qui proviennent soit des opérations de la fabrication, soit
seulement du contact des mains. Deux moyens permettent d'arriver à ce résultat. Le premier consiste
à soumettre les objets à la température du rouge
sombre ; il ne peut s'appliquer aux objets qui ont des
soudures à l'étain, non plus qu'aux objets très légers
et qui se brûleraient, et à ceux qui doivent conserver
leur rigidité et leur sonorité. Dans ces divers cas
on a recours au second moyen, qui consiste à faire
plonger les objets pendant quelques minutes dans
une solution bouillante de potasse ou de soude.

. Au sortir de ce bain, les objets sont rincés à grande eau et plongés dans un mélange de 5 à 20 parties d'acide sulfurique à 66° et de 100 parties d'eau. C'est ce qu'on nomme le *déroché*. Les objets doivent rester dans la déroche jusqu'à ce que la couche noire de bioxyde de cuivre se soit transformée en une couche rougeâtre de protoxyde de cuivre.

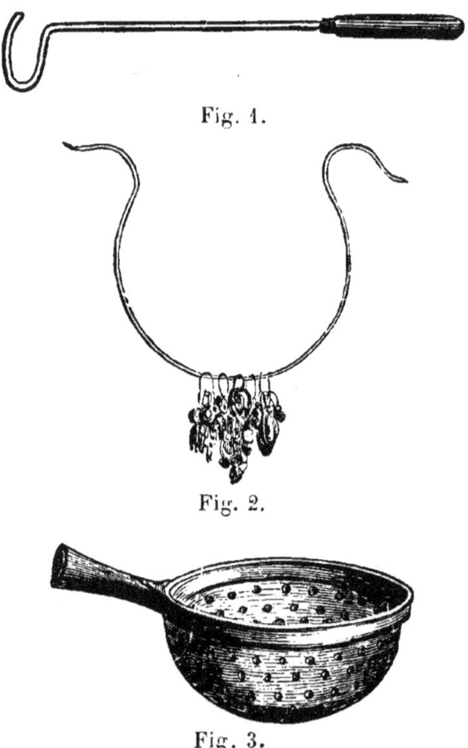

Fig. 1.

Fig. 2.

Fig. 3.

Les pièces sont alors attachées à des crochets de cuivre de diverses formes suivant le poids et la nature des pièces (fig. 1 et 2), ou placées dans une passoire (fig. 3) afin que l'ouvrier puisse aisément les passer en les agitant dans les divers acides qui servent au décapage et qui sont :

1º *Vieille eau forte.* — C'est de l'acide nitrique (eau-forte), presque épuisé par de précédents décapages dans lequel on laisse les objets pendant quelques instants au sortir de la déroche.

L'avantage qu'on trouve à employer la vieille eau forte consiste : 1º A économiser des acides neufs ; 2º à ne pas attaquer trop vivement les pièces légères, dont certaines parties sont recouvertes d'oxyde pendant que le reste est déjà métallique.

2º *Eau forte vive.* — Se compose de :

Acide nitrique. . . . . . . 10 litres.
Sel marin. . . . . 100 grammes
Suie calcinée. . . . . . . 100 —

On y plonge d'abord les objets pendant quelques secondes, puis on les laisse *fumer* à l'air jusqu'à ce que la surface soit recouverte d'une sorte de mousse verte ; on les replonge alors dans l'eau forte vive, et on les rince vivement à grande eau immédiatement au sortir de ce décapage.

3º *Composés à brillanter.* — En sortant de l'eau forte vive, les objets ont un aspect brillant et métallique qui semble indiquer un décapage parfait. Il n'en est rien cependant, et si l'on vient à essayer de dorer par immersion un objet sortant de l'eau forte vive, on court grand risque de n'obtenir qu'une dorure très imparfaite. Il n'en sera pas de même si on a passé les objets dans un mélange de :

Acide nitrique à 36°. . . . 10 litres.
Acide sulfurique à 66°. . . 10 —
Sel marin. . . . . 100 gram.

L'objet au sortir de ce bain, présente un aspect brillant et net, et le décapage est complet.

Si au lieu d'une surface brillante on veut une surface mate, on modifiera la formule des *acides composés* de la manière suivante :

Acide azotique à 36°. . . . 20 litres.
Acide sulfurique à 66°. . . 10 —
Sel marin. . . . . 100 gram.
Sulfate de zinc. . . . . . . 200 —

Les objets doivent séjourner de 1 à 10 minutes dans ce bain, suivant le degré de mat que l'on désire, et on *éclaircira* ensuite le mat, qui est toujours un peu trop prononcé, en passant rapidement les pièces dans les composés à brillanter.

Enfin on a recours souvent à une dernière opération qui a pour but de faciliter l'adhérence, et qu'on nomme *le passé au nitrate de mercure*. Cette opération consiste à plonger rapidement les objets complétement décapés dans la solution suivante :

Eau. . . . . 10 litres.
Azotate de mercure. . . . 5 gram.
Acide sulfurique. . . . . . 10 —

La solution ci-dessus convient pour la dorure. On augmente la quantité de sel de mercure, lorsqu'il s'agit de dépôts épais d'argent. par exemple de l'argenture du couvert.

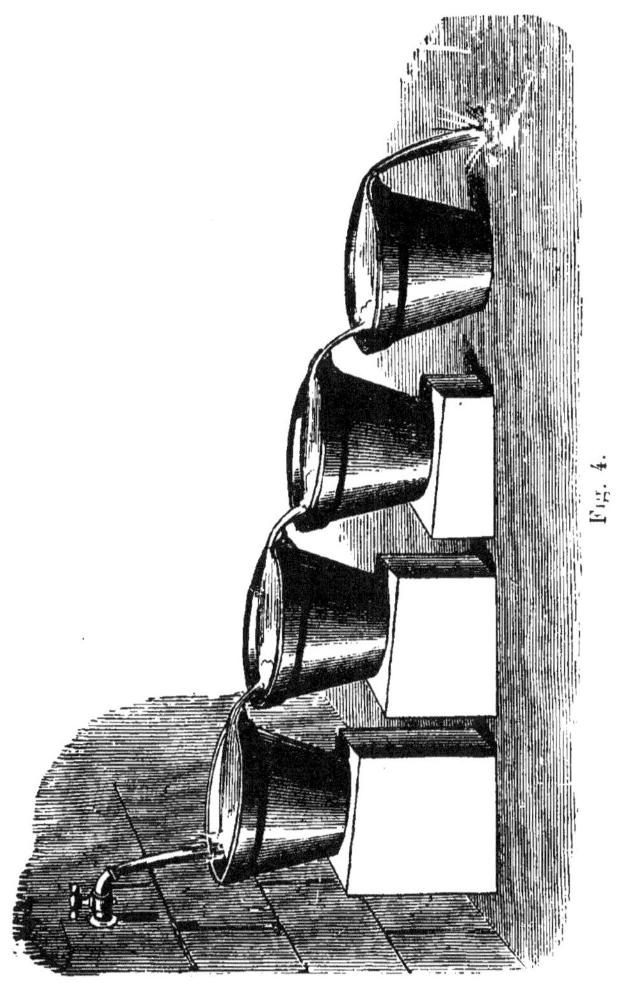

On peut donc résumer ainsi la série d'opérations nécessaires pour le décapage complet du cuivre et de ses alliages.

Fig. 5. Hotte à décapage. — A, four à recuire. — B, terrine à derocher. — C, pot de vieille eau forte. — D, pot d'eau forte vive. — E, pot d'acides composés à mater. — F, pot d'acides composés à brillanter. — G, azotate de bioxyde de mercure. — H, dédrogue. — I, dédoré. — LL, terrines à laver. — K, ouvrier s'apprêtant à décaper.

Recuire ou dégraisser.

Dérocher.

Passer à l'eau forte vieille.

Passer à l'eau forte vive.

Passer aux acides composés.

Passer au nitrate de mercure.

Entre chacune de ces opérations il convient de rincer à grande eau.

On devra donc avoir une série de terrines disposées comme l'indique la fig. 4 et commencer à rincer dans la terrine la plus basse, pour terminer dans la plus haute, qui contient une eau exempte d'acides.

La fig. 5 représente une hotte à décapage complète.

Décapage mécanique.

Il s'effectue à l'aide de brosses de diverses formes, employées soit à la main, soit au tour à gratte-bosse.

Les figures 6 et 7 représentent des gratte-bosses à la main. C'est une sorte de pinceau en fil de laiton plus ou moins fin, selon la nature des objets. On se sert aussi, pour les objets très-délicats, de gratte-bosses en verre filé.

La fig. 8 représente la brosse employée pour les gros objets de bronze.

La fig. 9 représente diverses autres formes de brosses.

Il suffit de jeter un coup d'œil sur les figures 10 et

11, pour se rendre compte de la façon dont l'ouvrier doit tenir son outil.

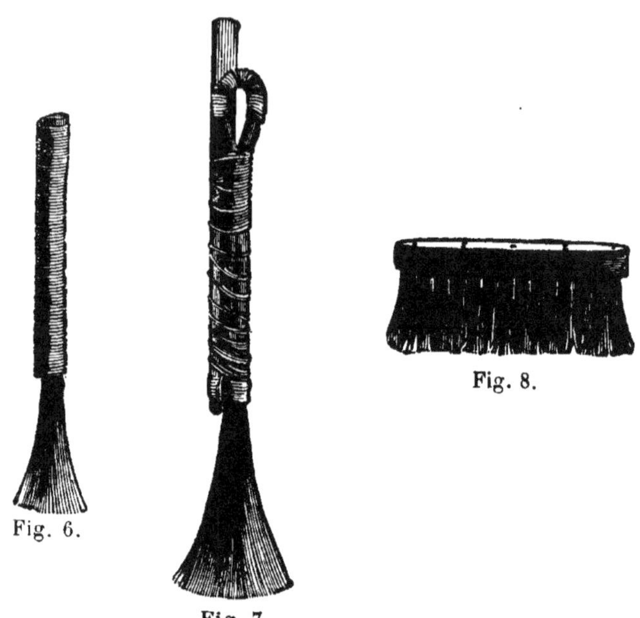

Fig. 6.

Fig. 7.

Fig. 8.

Le tour à gratte-bosser porte une brosse circulaire

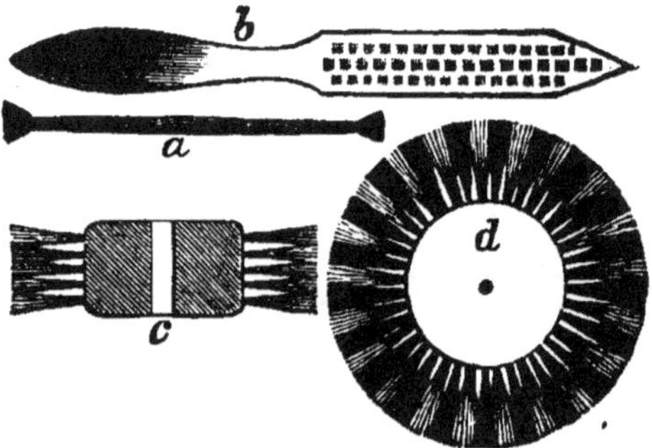

Fig. 9.

Fig. 10.

Fig. 11.

en fil de laiton à laquelle on vient présenter les objets tangentiellement (fig. 12).

Fig. 12.

Le gratte-bossage n'est pas seulement employé comme décapage, ou auxiliaire du décapage, il est aussi destiné à donner du brillant aux dépôts mats, et doit précéder le brunissage.

Décapage de l'argent, du zinc, du fer, de la fonte etc.

Nous avons dit que le décapage des métaux autres que le cuivre et ses alliages était presque toujours mécanique.

Voici comment il convient de procéder pour les métaux usuels.

L'argent est d'abord chauffé assez vivement, soit à feu nu, soit dans des boîtes en tôle, puis plongé dans de l'acide sulfurique étendu ; on termine par le gratte-bossage.

Quelquefois on décape l'argent à l'acide azotique, mais il faut employer de l'acide bien exempt de chlore, qui formerait du chlorure d'argent à la surface de l'objet.

Le zinc se décape assez bien lorsqu'il n'est pas accompagné d'étain ou de plomb. Par malheur, dans la pratique, les objets en zinc présentent presque toujours des soudures à l'étain.

Quoi qu'il en soit, voici un procédé qui donne de bons résultats.

On commence par dégraisser, si besoin est, à la solution bouillante de potasse, puis on passe très rapidement les objets dans une liqueur composée de :

Acide sulfurique à 66°. . .   10 litres.
Acide azotique à 36°. . . .   10   —
Sel marin. . . . .   100 gram.

Ce bain doit servir exclusivement au décapage du zinc et ne pas contenir de sel de cuivre qui serait réduit par le zinc et viendrait en noircir la surface. On rince à grande eau et on termine avec la brosse à poncer ou le gratte-bosse.

Le fer et la fonte se décapent par une immersion de plusieurs heures dans une solution très-étendue d'acide sulfurique dans l'eau. Un centième d'acide sulfurique suffit. On gratte-bosse ensuite avec des brosses en fil de fer ou avec des brosses à poils rudes et courts et du grès fin.

On emploie aussi l'acide chlorhydrique, mais l'acide sulfurique est préférable parce qu'il ne s'évapore pas comme l'acide chlorhydrique.

Les pièces une fois décapées sont conservées dans une eau légèrement alcalinisée, si on ne veut pas les porter au bain immédiatement.

L'acier se décape comme le fer et la fonte, mais exige un temps moins long pour son immersion dans l'eau acidulée.

Pour décaper le plomb et l'étain, on les plonge d'abord dans une solution de potasse caustique, puis dans l'acide chlorhydrique étendu et finalement après lavage à l'eau on les soumet à l'action de la brosse et de la ponce en poudre. Ces métaux ne reçoivent un bon dépôt d'or qu'à la condition d'avoir été cuivrés, au préalable.

L'aluminium se décape très bien de la manière suivante :

1° Immersion peu prolongée dans la soude caustique ;

2° Immersion de quelques minutes dans l'acide nitrique pur, qui n'attaque pas l'aluminium et détruit les impuretés qui se trouvent à sa surface ;

3° Passage rapide dans l'acide fluorhydrique très étendu ;

4° Passage dans l'acide phosphorique liquide.

Au sortir de ce dernier bain, l'objet présente un aspect blanc et brillant, si l'aluminium est pur.

DES DÉPÔTS MÉTALLIQUES QUI S'OBTIENNENT PAR SIMPLE IMMERSION.

On peut considérer les dépôts métalliques par simple immersion comme des cas particuliers de la loi générale de la précipitation des métaux par d'autres métaux plus oxydables. Les conditions à remplir pour le but que nous nous proposons sont les suivantes : le métal précipité doit former à la surface du métal précipitant une couche uniforme, continue, adhérente, et présenter les qualités qui lui sont propres, telles que l'éclat, la couleur, la dureté, l'inaltérabilité aux agents atmosphériques, etc.

Ce n'est que dans quelques circonstances assez rares que la précipitation des métaux peut avoir lieu avec toutes ces conditions sans le secours de l'électricité.

Le principe général des dépôts directs est celui-ci :

Si l'on plonge un métal dans une dissolution d'un autre métal moins oxydable, le métal le plus oxydable se substituera à l'autre dans la dissolution, pendant que celui-ci sera précipité à l'état métallique en proportions atomiques équivalentes.

Suivant nous, *lorsqu'on plonge un métal dans une solution saline, pour qu'il y ait substitution du métal libre au métal combiné, il faut et il suffit que la constante thermique du premier métal soit plus petite que celle du second* (1).

Ordinairement le métal est précipité á l'état pulvérulent et n'a aucune adhérence avec le métal sous-jacent. D'autres fois, au contraire, comme dans la dorure et l'argenture par immersion, on parvient á obtenir des dépôts d'une extrême adhérence.

Il paraît rationnel d'admettre que dans tous les cas les effets produits ne sont pas dus seulement aux affinités chimiques, mais qu'ils résultent en partie du courant électrique résultant du contact de deux métaux au sein d'une liqueur qui exerce sur eux une action chimique.

Il résulte de ce qui précède qu'on ne peut obtenir avec les dépôts directs que des couches excessivement minces, puisque l'action doit cesser évidemment lorsque toute la surface du métal oxydable étant

(1) *Traité théorique et pratique d'électrochimie,* par D.Tomassi. p. 859.

recouverte, il n'y a plus en réalité en contact avec le liquide qu'un seul métal.

Nous verrons cependant une exception à cette règle générale dans l'argenture au trempé par le bisulfite de soude, mais nous expliquerons cette exception, qui n'infirme en rien la théorie des dépôts directs.

Voici, d'après Dumas, le tableau des sels métalliques réductibles par d'autres métaux, et des sels métalliques dont les dissolutions ne sont pas réductibles par les métaux.

SELS dont les dissolutions sont irréductibles par les métaux.	SELS dont les dissolutions sont réductibles par certains métaux.	
Sels à base de potasse et des deux premières sections. Sels { de manganèse. de zinc. de fer. de chrome. de cobalt. de cérium. d'urane. de titane. de nickel.	Sels { d'étain. d'antimoine. d'arsenic. de bismuth. de plomb. de cuivre. de tellure. Nitrate de mercure { réduits par le fer, le zinc et tous ceux qui précèdent Sels { d'argent. de palladium. de rhodium. de platine. d'or d'osmium d'iridium. } Réduits par le zinc, le manganèse, le cobalt et tous ceux qui précèdent l'argent.	Réduits par le fer, le zinc et peut-être le manganèse.

Il existe entre l'état du précipité et la force décomposante une certaine relation. En général, une action trop vive donne un dépôt pulvérulent, tandis qu'une

action lente donne ou bien une couche métallique adhérente, ou des lames ou des cristaux.

Il a donc fallu en galvanoplastie se placer dans des
circonstances toutes spéciales, et trouver des dissolutions abandonnant leur métal au contact d'un autre
métal, mais ne l'abandonnant qu'avec une lenteur suffisante pour éviter un dépôt pulvérulent.

Dorure au trempé.

Ce n'est qu'après un assez grand nombre de tâtonnements que les conditions nécessaires pour un bon
dépôt métallique ont été réunies. Nous ne mention-
nerons que les plus importantes des tentatives faites
dans cette voie, mais nous décrirons avec quelque
détail les méthodes actuellement en usage, car la dorure au trempé a conquis dans l'industrie, et surtout
dans l'industrie parisienne, une place importante.

La dorure par immersion ne s'applique qu'à l'argent, au cuivre et à ses alliages, ou au métaux préalablement cuivrés.

Baumé obtint le premier des résultats à l'aide d'un
bain de trempé formé simplement d'une solution de
chlorure d'or, aussi neutre que possible.

Ce procédé permit de dorer avec quelque succès
les petites pièces d'horlogerie, mais le bain devenait
promptement acide et dorait mal et le métal était attaqué.

On essaya de dissoudre le chlorure d'or dans l'éther

sulfurique ; les résultats furent un peu plus satisfaisants.

Macquer avait proposé, dans son *Dictionnaire de chimie*, d'employer une solution alcaline au lieu de la solution acide. C'était le premier pas fait dans la voie réellement pratique.

Proust, Pelletier et Duportal réussirent parfaitement à dorer le cuivre avec une dissolution de chlorure d'or dans du carbonate de potasse.

Elkington perfectionna cette méthode et prit, en 1836, un brevet pour son exploitation industrielle.

Voici en quoi consistait ce procédé :

Dans une marmite de fonte, dorée à l'intérieur par l'ébullition prolongée de vieux bains à peu près hors de service, on faisait bouillir le mélange suivant :

> Bicarbonate de potasse. .   9 kilog.
> Chlorure d'or. . . . . 240 grammes.
> Eau. . . . . 16 litres.

L'ébullition devait se prolonger pendant au moins deux heures, et on renouvelait l'eau à mesure de l'évaporation. Au bout de ce temps, une partie de l'or s'est précipitée en poudre d'un noir violacé. On laisse refroidir et on décante. On fait bouillir de nouveau, et le bain est prêt à fonctionner ; il possède alors une teinte verdâtre.

Lors de l'invention des bains de dorure par simple immersion dans une solution alcaline, on chercha à expliquer de diverses manières la réaction qui se passe. On alla jusqu'à admettre que le perchlorure d'or se transformait en protochlorure sous l'influence de certaines matières organiques, telles que la sciure de bois, propres à réduire l'or. Il était facile de 'réfuter cette opinion, car la dorure ne s'effectue pas moins bien, au contraire, sur les pièces qui n'ont pas été séchées que sur celles qui ont été séchées à la sciure.

Barral a donné de la dorure par immersion une théorie qui semble expliquer les faits d'une manière rationnelle.

Il a constaté que dans un bain au bicarbonate il s'était dissoute une molécule de cuivre pendant qu'il s'était déposée une molécule d'or.

De plus, il a reconnu que dans un bain absolument épuisé on retrouvait du chlorure de potassium et du chlorate de potasse au lieu de bicarbonate. Barral pense donc que pour 1 molécule d'or qui se précipite, il y a 3 molécules de chlore mises en liberté, 2 de ces 3 molécules forment du chlorure de cuivre aux dépens de l'objet immergé et 1 molécule s'empare de la potasse. Pour représenter cette réaction, on peut donc écrire la formule :

$$4AuCl^3 + 6KHO + 6Cu = 3Cu^2Cl^2 + 5ClK + ClO^3K + 4Au + 3H^2O.$$

Ou bien si on admet la formation du bichlorure de cuivre, on aura :

$$6AuCl^3 + 6Cu + 6KHO = 6CuCl^2 + 5ClK + ClO^3K + 6Au + 3H^2O$$

Cette dernière réaction est la plus probable, à cause de la teinte bleu verdâtre que prend la liqueur.

On ne peut utiliser la totalité de l'or contenu dans ce bain. Il faut s'arrêter lorsqu'on a déposé un tiers ou au plus moitié de l'or en dissolution. Cet inconvénient, joint à celui de ne donner de bons résultats que dans un bain très-concentré, a fait renoncer d'une manière presque générale aux bains de dorure par le bicarbonate.

Dorure au trempé par le pyrophosphate de soude.

(Procédé Roseleur).

Ce procédé de dorure est aujourd'hui employé presque à l'exclusion de tous les autres procédés de dorure au trempé. Il est dû à Alfred Roseleur, dont les travaux ont tant contribué aux progrès de l'art qui nous occupe. C'est dans son excellent ouvrage (1) sur les manipulations hydroplastiques que nous puisons les détails pratiques qui suivent et qui, nous l'affirmons par expérience, permettront d'arriver à un succès complet à tous ceux qui les suivront textuellement.

Le meilleur des bains au trempé se compose de :

Eau distillée.	10 litres.
Pyrophosphate de soude. .	800 gram.
Acide cyanhydrique. . . .	8 —
Chlorure d'or.	20 —

(1) *Manipulations hydroplastiques*, guide pratique du doreur, de l'argenteur et du galvanoplaste.

Cette quantité de chlorure d'or représente 10 grammes d'or traités par l'eau régale.

Pour préparer ce bain, on fait chauffer 9 litres d'eau distillée dans laquelle on verse peu à peu, en agitant avec une baguette de verre, 800 g. de pyrophosphate. Lorsque le sel est complètement dissous, on filtre la liqueur et on la laisse refroidir. D'autre part, on a introduit dans un ballon en verre :

    Or vierge. . . . .   10 grammes
    Acide chlorhydrique pur. . .   30   —
    Acide nitrique pur.   15   —

On chauffe légèrement jusqu'à ce qu'il se produise un dégagement de vapeurs rousses. On laisse alors la solution s'opérer et on a un liquide jaune orangé qu'on évapore jusqu'à consistance sirupeuse. Pour que l'évaporation soit suffisante, il faut que le liquide ne laisse plus échapper de vapeurs sensibles et qu'il ait pris une teinte rouge sang de bœuf foncé. On laisse alors refroidir et le chlorure d'or se prend en une masse cristalline d'un jaune foncé.

On dissout le chlorure d'or dans de l'eau distillée et on filtre. Cette filtration sert à séparer le chlorure d'argent qui s'est formé, grâce à la présence d'une petite quantité d'argent que renferme toujours l'or le plus pur du commerce. On lave à plusieurs reprises le filtre pour entraîner tout le chlorure d'or, et on complète le dixième litre de liquide avec de l'eau distillée. On verse le chlorure d'or, ainsi mis en solution dans la solution de pyrophosphate à laquelle on a ajouté l'acide prussique.

Ce dernier acide n'est pas indispensable à la dorure, mais il régularise notablement l'action du bain.

La liqueur doit être incolore ; si elle prend une teinte violacée, c'est que l'acide cyanhydrique a été employé en trop petite quantité. Il faut ajouter cet acide avec précaution, car un excès rendrait la dorure impossible sans le secours du courant électrique.

Le bain préparé comme nous venons de le dire donne une très-belle dorure jaune sur les objets en cuivre et en laiton décapés par les procédés que nous avons indiqués plus haut. Il peut aussi servir à la dorure de l'argent. Pour cela il suffit d'augmenter un peu la proportion d'acide cyanhydrique et de faire bouillir les objets pendant environ une demi-heure dans le liquide ainsi obtenu. On augmenterait l'épaisseur de la couche obtenue en agitant les objets à l'aide d'une tige de cuivre ou de zinc.

La dorure du cuivre peut, par cette méthode, acquérir une certaine épaisseur. grâce à un ingénieux tour de main, qui consiste à plonger les objets dans une solution très étendue de nitrate de mercure, avant de les porter au bain de dorure.

En recommençant plusieurs fois cette opération, on peut déposer successivement plusieurs couches d'or, car au lieu de la surface dorée sans action sur le bain, on lui présente successivement une couche de mercure qui se dissout dans le bain et se trouve remplacée à la surface de l'objet par une nouvelle quantité d'or.

On arrive ainsi à exécuter, par voie de simple immersion, une dorure capable de rivaliser avec la dorure voltaïque pour les besoins ordinaires de l'industrie.

Au sortir du bain, les pièces sont rincées à grande eau et séchées à la sciure chaude. Si elles sont creuses, on les fait ensuite séjourner dans une étuve chauffée à 70 ou 80°.

Fig. 13.

La figure 13 représente une petite étuve avec une caisse à sciure et des tamis métalliques qui servent à cribler les menus objets séchés à la sciure.

Le plus souvent la dorure au trempé s'applique à de menus objets qu'on ne gratte-bosse pas, mais on

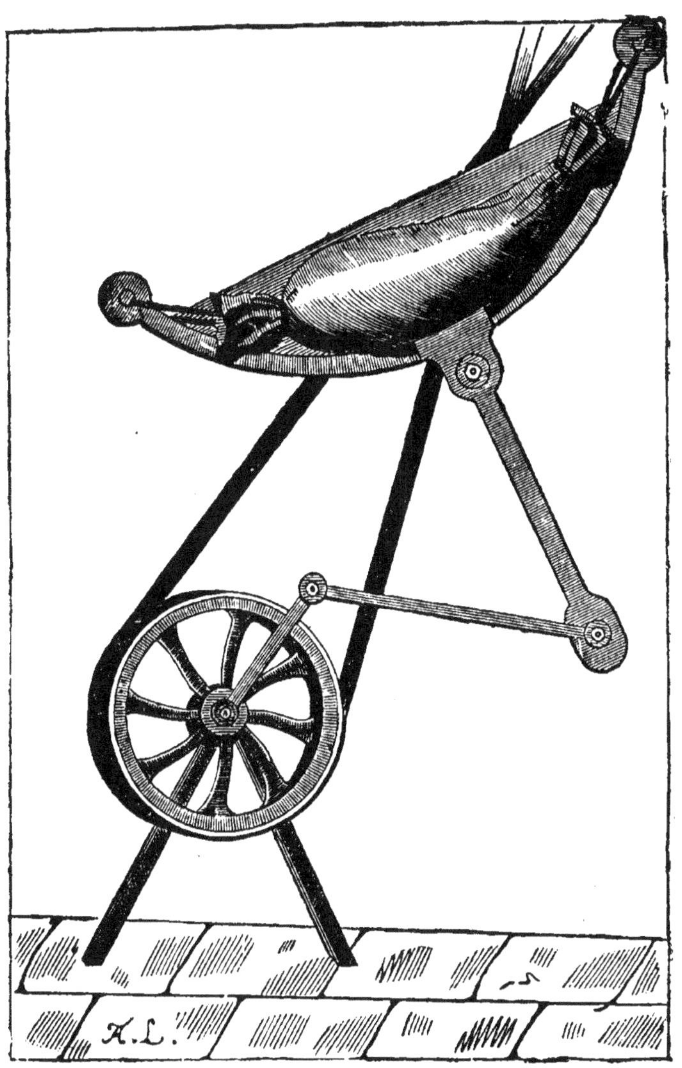

Fig. 14.

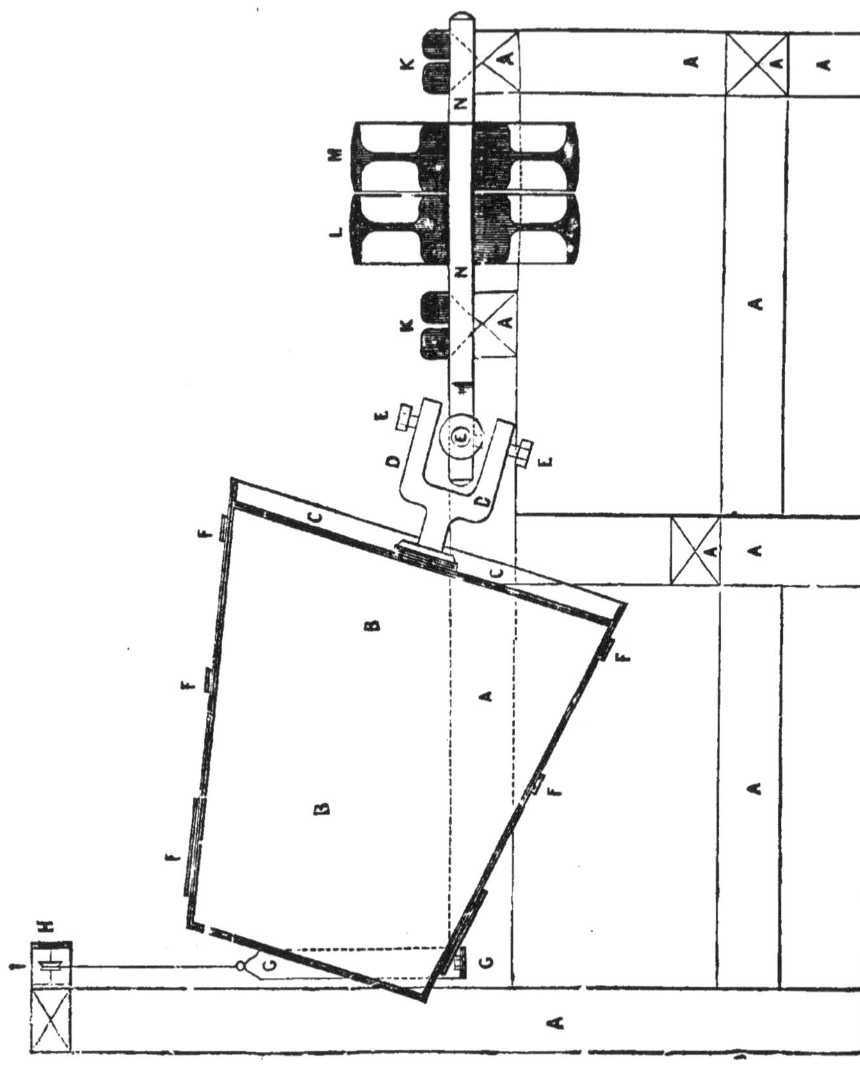

Fig. 15.

les sasse quelquefois pour leur donner plus de brillant.

Les figures 14 et 15 représentent deux sasseurs mécaniques d'un usage très avantageux pour les petits objets. La simple inspection de ces figures suffit pour faire comprendre la disposition de ces appareils et leur mode d'action.

Les objets sont mêlés à de la sciure ou à du grès très-fin. D'autre fois, on se contente de sasser au bras ; on se sert pour cela d'un long sac en toile dans lequel on pla e les objets avec de la sciure, et on leur imprime un mouvement cadencé de va-et-vient qui occasionne un mouvement constant.

S'il arrivait que la dorure, au sortir du bain, ne fut pas parfaite, et cela n'est que trop fréquent, soit par suite d'accidents qu'on ne pouvait prévoir, soit pour avoir négligé quelques-unes des précautions indiquées, on peut y remédier à l'aide de la *mise en couleur*.

La mise en couleur ne peut s'opérer sur la dorure très légère ; dans ce cas, on rachète les défauts que peut présenter la dorure, par une immersion de quelques secondes dans le bain de dorure galvanique que nous décrirons plus tard.

Tel est le procédé de dorure par immersion employé aujourd'hu par la presque totalité des doreurs au trempé. Cette dorure convient surtout aux objets de menue bijouterie qui se fabriquent à Paris en quantités énormes, mais peut aussi s'appliquer à des objets plus volumineux et qui exigent une dorure riche.

Avec le bain au pyrophosphate, on peut, si on le désire, ne déposer que 0,50 g. d'or sur un kg. de bijouterie. Si minime que soit cette quantité d'or, elle est encore trop considérable au gré de quelques industriels, qui ne veulent que l'apparence de l'or.

On peut les satisfaire avec le bain suivant :

    Eau . . . .   10 litres.
    Bicarbonate de potassium. .   200 grammes.
    Potasse caustique. 1800   —
    Cyanure de potassium. . . .   90   —
    Chlorure d'or.   20   —

On obtient ainsi une dorure très légère, mais assez adhérente.

Dorure de l'aluminium au trempé.

Le bain dont se sert L. Maiche est formé de :
    Or transformé en ammoniure. 10 grammes.
    Cyanure de potassium 20   —
    Eau distillée. . . . . 10 litres.

Ce bain donne à froid une dorure adhérente sur l'aluminium.

L'aluminium doit être décapé, comme il a été dit en parlant des décapages et frotté à la ponce avant d'être mis au bain.

Argenture au trempé.

Le plus ancien de tous les procédés d'argenture par voie humide est le bouillitoire, ou blanchiment d'argent. Il ne permet de déposer sur le cuivre qu'une quantité d'argent presque impondérable.

Voici l'une des formules les plus employées :

Argent ou chlorure d'argent. 30   gram.
Crème de tartre en poudre . . 2,5   —
Sel marin 2,5   —

On en fait une pâte qu'on conserve dans un vase opaque, pour s'en servir au fur et à mesure des besoins.

Fig. 16.

On dispose les objets sur une bassine en cuivre percée de trous, et on les plonge dans de l'eau bouillante contenue dans la bassine inférieure (fig. 16), et à laquelle on a ajouté quelques cuillerées de la pâte d'argent.

On donne ensuite du brillant à l'aide du sassage, car cette argenture est trop légère pour être gratte-bossée.

On obtient une argenture un peu plus épaisse à l'aide de la solution suivante :

   Eau distillée. . . . . 5 grammes
   Potasse caustique . . . . 160 —
   Bicarbonate de potasse. . 100 —
   Cyanure de potassium. . 60 —
   Azotate d'argent fondu. . 20 —

Ce bain s'emploie surtout pour les objets de carosserie, qui présentent ordinairement des appliques de fer.

De plus, tous les bains de cyanure double, d'argent et de potassium blanchissent le cuivre, même à froid, lorsqu'ils ont un grand excès de cyanure de potassium.

Pour en faire de véritables bains d'argent au trempé, il suffit de les porter à la température de 70 ou 80°.

Voici une des formules qui donnent les meilleurs résultats :

   Eau. 20 litres.
   Cyanure de potassium ordinaire (1). 500 gram.
   Azotate d'argent. . . . . 150 —

(1) Nous appelons cyanure ordinaire une sorte de cyanure fabriqué spécialement pour le bain de blanchiment et les bains de cuivrage, et qui contient environ 65 pour cent de cyanure réel et 25 pour cent de carbonate de potassium.

Ce bain fournit une argenture brillante, mais assez légère et convient surtout pour la bijouterie à chatons, qu'on ne peut gratte-bosser.

La durée de l'immersion ne doit être que de quelques secondes.

Argenture au trempé à froid.

Ce procédé qui donne l'argenture la plus blanche et la plus inaltérable ne saurait convenir pour les dépôts très épais, tels que ceux de la riche orfévrerie, mais il peut donner d'excellents résultats toutes les fois qu'il s'agit d'obtenir une argenture de faible ou de moyenne épaisseur.

Nous croyons donc utile de décrire avec quelques détails le procédé imaginé par Roseleur et nous pouvons d'après notre propre expérience promettre un succès complet à ceux qui suivront textuellement les indications que nous allons donner.

On commence par préparer du bisulfite de soude liquide ; pour cela il suffit de faire passer un courant d'acide sulfureux dans une dissolution concentrée de carbonate de soude jusqu'à ce que tout l'acide carbonique ait été déplacé par l'acide sulfureux. Le liquide doit être légèrement acide et rougir faiblement le papier bleu de tournesol. Il doit marquer 24 à 26° au pèse-sels.

D'autre part on a préparé une dissolution de nitrate d'argent dans l'eau distillée.

Nitrate d'argent . . . . 100 grammes
Eau distillée. 1000   —

On verse peu à peu la dissolution de nitrate d'argent dans le bisulfite de soude, en ayant soin d'agiter pour faire disparaître le précipité blanc de sulfite d'argent qui se forme au contact des deux liquides.

En se dissolvant dans un excès de sulfite de soude, ce précipité forme un sulfite double de soude et d'argent qui constitue le bain.

Il suffira de plonger les objets de cuivre ou de laiton bien décapés dans le bain ainsi préparé pour obtenir à volonté, suivant la durée de l'immersion :

1º Un blanchiment aussi léger qu'on voudra et parfaitement blanc et brillant; pour cela. quelques secondes d'immersion suffisent ;

2º Une argenture plus solide, convenant surtout à la bijouterie, au chatonage principalement, parce qu'elle n'a pas besoin d'être gratte-bossée ; un quart d'heure environ suffit pour obtenir une bonne argenture ;

3º Une argenture mate qui peut rivaliser avec l'argenture électrolytique, pour tous les objets qui n'exigent pas un dépôt très épais.

A mesure que le bain s'appauvrit, on ajoute alternativement du sel d'argent et du bisufilte de soude, en ayant soin, pour toute précaution, de verser dans le bain autant de sel d'argent qu'il en peut disoudre aisément.

Il se forme peu à peu un dépôt au fond du vase, et
sur ses parois latérales il se dépose un peut d'argent;
il faudra décanter de temps en temps et nettoyer le
vase pour en retirer le dépôt, contenant un peu d'argent, qu'on joindra aux autres résidus d'argent de
l'atelier.

Ce que nous avons dit de l'épaisseur facultative,
jusqu'à une certaine limite, des dépôts d'argent par
le bain au bisulfite, semble en contradiction avec la
théorie que nous avons donnée des bains au trempé.
C'est qu'il y a ici un double phénomène ; au premier
moment le dépôt se fait bien par la réaction ordinaire, c'est-à-dire qu'une molécule de cuivre se substitue à deux molécules d'argent dans la dissolution,
pendant que l'argent ramené à l'état métallique vient
s'appliquer sur l'objet en cuivre. Mais, outre cette
action, il s'en produit une autre, due à la composition
toute spéciale du bain, et en vertu de laquelle le dépôt continue à s'effectuer.

En effet nous avons en présence du sulfite de soude
et du sulfite d'argent, ou, pour ce dernier, de l'acide
sulfureux, de l'oxygène et de l'argent.

Or, l'argent n'a que très peu d'affinité pour l'a-
cide sulfureux et pour l'oxygène ; l'acide sulfureux
a au contraire une grande affinité pour l'oxygène,
et tend à se transformer en acide sulfurique. Il est
donc naturel d'admettre que l'argent du sulfite d'argent va se déposer à l'état métallique sur les objets,
et que l'acide sulfureux de ce corps se combine avec

l'oxygène pour faire de l'acide sulfurique, et, par suite, du sulfate de soude.

On peut représenter ce fait par la formule suivante :

$$SO^3Na^2 + SO^3Ag^2 = SO^4Na^2 + SO^2 + 2Ag.$$

Ce procédé permet, d'opérer à froid, ce qui, outre l'économie, présente encore l'avantage d'avoir un bain toujours prêt à fonctionner et de n'être pas limité par la grandeur des vases comme on l'est pour les bains à chaud. De plus, il supprime l'emploi du courant électrique, et le poids d'argent déposé est toujours très-sensiblement proportionnel à la durée de l'immersion, ce qui permet de se rendre un compte assez exact de la valeur de l'argenture.

Enfin, le bisulfite de soude est un produit de peu de valeur et inoffensif.

Étamage au trempé.

En faisant dissoudre à chaud, dans 20 litres d'eau,

Alun. . . . . 300 grammes

Protochlorure d'étain. . 10 —

on obtient un bain qui peut donner un dépôt très-léger d'étain sur le fer et sur le zinc. Cette pellicule très mince est impuissante à préserver le métal recouvert de l'oxydation et ne peut servir que pour des objets tout à fait communs ou comme complément de décapage avant l'immersion dans d'autres bains.

Antimoniage au trempé.

L'antimoine se dépose bien avec une grande adhérence sur le cuivre et ses alliages et sans le secours
de la pile dans la liqueur composée de : eau 10 litres,
oxychlorure d'antimoine 20 grammes. La liqueur doit
être légèrement acidulée à l'aide de l'acide chlorhydrique et employée bouillante. Les objets s'y recouvrent en quelques minutes d'une belle couche d'antimoine.

Cuivrage du zinc au trempé

Le zinc qu'on destine à la dorure doit être d'abord
revêtu d'une couche de cuivre assez épaisse. On a
recours ordinairement pour cette opération à deux
bains que l'on emploie successivement. Le premier,
à base de cyanure de potassium, fonctionne à l'aide
du courant voltaïque, et l'objet reçoit dans ce premier bain une couche de cuivre suffisante pour le
préserver de l'action acide du deuxième bain. qui
n'est autre qu'une solution acide de sulfate de cuivre
fonctionnant également à l'aide de l'électricité.

Le bain au cyanure de potassium est d'un emploi
un peu onéreux relativement aux prix extrêmement
bas que doivent atteindre aujourd'hui les objets en

zinc doré que Paris livre au commerce en quantités très considérables.

Il y aurait donc intérêt à remplacer par un bain au trempé le bain à la pile et au cyanure de potassium ; c'est ce qu'on peut faire à l'aide du bain suivant :

On fait passer dans de l'ammoniaque ordinaire à 22° un courant d'acide cyanhydrique jusqu'à saturation, et on verse dans le liquide obtenu une solution ammoniacale d'un sel quelconque de cuivre. Il se forme ainsi un cyanure double de cuivre et d'ammonium extrêmement propre au cuivrage du zinc, à la condition qu'il reste toujours assez fortement alcalin.

Les proportions suivantes donnent les meilleurs résultats :

Cyanure d'ammonium liquide . . 1000 grammes.
Acétate de cuivre 200   —
Ammoniaque à 22°. 100   —
Eau distillée . . . .   20 litres.

Le cuivrage obtenu est d'une belle teinte rouge clair et présente une adhérence remarquable.

Cuivrage du fer au trempé.

Nous citerons pour mémoire une sorte de cuivrage employé pour les fils de fer auxquels on veut donner l'aspect de fils de cuivre, et pour quelques menus objets. Il consiste à immerger rapidement les objets dans une solution acide et étendue de sulfate de cui-

vre. Il se dépose une pellicule de cuivre très mince
à laquelle la filière donne un peu plus d'adhérence et
d'éclat. Si l'immersion se prolongeait, le fer serait
attaqué par l'acide du bain, et le cuivre se trouverait
réduit sous forme d'une boue d'un rouge brun sans
aucune adhérence.

DES DÉPÔTS MÉTALLIQUES PAR VOIE DE DOUBLE AFFINITÉ.

Nous désignons ainsi les dépôts qui s'effectuent
dans certains liquides en présence de deux métaux,
dont l'un se substitue au métal en dissolution pendant que l'autre reçoit le dépôt du métal qui était primitivement en dissolution.

Il y a en réalité une action galvanique résultant du
contact de deux métaux au sein d'un liquide qui
exerce sur eux une action chimique, mais dans la
plupart des cas, il semble se produire un phénomène
spécial de nature plus particulièrement chimique,
car les poids du métal dissous et du métal déposé ne
sont pas en proportions atomiques équivalentes.

On sait que tous les bains par simple immersion
fonctionnent plus rapidement lorsqu'on y plonge une
lame de zinc en même temps que l'objet à recouvrir,
et en contact avec celui-ci.

D'autre part, presque tous les bains à la pile donnent un dépôt métallique dans les mêmes conditions, seulement ce dépôt est lent.

Deux procédés seulement présentent de réels avantages et sont sérieusement industriels, ce sont : l'étamage par le procédé Roseleur, et le cuivrage par le procédé Weill.

Cuivrage par le procédé Weill.

Ce procédé permet d'obtenir à froid un dépôt adhérent de cuivre sur le fer, la fonte et l'acier par une immersion plus ou moins prolongée dans un bain alcalino-organique au contact du zinc.

Le bain se compose d'un sel de cuivre maintenu en dissolution dans la soude caustique, grâce à la présence d'une matière organique telle que l'acide tartrique, le tartrate double de soude et de potasse, la glycérine ou l'albumine.

L'expérience a signalé comme donnant les meilleurs résultats les proportions suivantes :

     Sulfate de cuivre . . .   350 grammes
     Sel de Seignette . . . 1500   —
     Soude caustique. . . .   800   —

En plongeant successivement les divers métaux pauvres dans cette dissolution, on observe des résultats très-différents qu'on peut résumer par les trois observations que voici :

1º Les métaux dont les oxydes sont insolubles dans la soude caustique, ne se cuivrent que grâce au contact du zinc ;

2º Les métaux dont les oxydes sont solubles dans l'alcali fixe et qui ne forment qu'un seul oxyde salifiable, se recouvrent d'une couche très mince qui n'augmente pas avec la durée de l'immersion ;

3º Les métaux qui peuvent former plusieurs oxydes salifiables solubles dans l'alcali fixe, ne se cuivrent pas dans la dissolution et la décomposent au contact du zinc en donnant un précipité de protoxyde de cuivre.

La conclusion pratique de ces observations, c'est que l'application vraiment importante du bain dont nous parlons consiste à déposer au contact du zinc sur le fer, la fonte et l'acier, une couche de cuivre adhérente de bonne nature et d'épaisseur variable à volonté, suivant la durée de l'immersion.

On peut ensuite, si besoin est, épaissir cette couche dans le bain acide de galvanoplastie, car le métal est suffisamment protégé contre l'action de l'acide sulfurique du bain de galvanoplastie par cette première couche de cuivre.

Le fer et la fonte se décapent de la même manière pour ce bain que pour les autres ; il est à remarquer que le décapage se complète dans le bain lui-même, car l'oxyde de fer est soluble dans la solution alcalino-organique.

La durée de l'immersion varie de 3 à 72 heures.

Le bain s'entretient simplement avec du sulfate de cuivre, et, de temps en temps, de la soude caustique. Le sel de Seignette n'est point décomposé et persiste dans le bain presque indéfiniment.

En faisant varier les proportions respectives de sel de cuivre et de tartrate double de soude et de potasse, de façon à ne plus avoir que 1 gramme d'acide tartrique pour un gramme de sel de cuivre, on n'obtient plus de bon cuivrage, mais une série de colorations fort curieuses et persistantes qui se reproduisent toujours dans le même ordre savoir : orange, blanc, jaune clair, jaune d'or, rouge cramoisi, vert. Si on prolonge l'immersion après le vert, la pièce prend un aspect brunâtre peu agréable à l'œil. Ces diverses colorations peuvent être utilisées à la décoration des pièces de fonte qu'on emploie aujourd'hui en assez grande quantité pour l'ornementation architecturale ; elles résistent assez bien aux agents atmosphériques.

Le bain alcalino-organique peut dissoudre divers oxydes métalliques et donner des dépôts de métaux autres que le cuivre.

L'action galvanique joue certainement un rôle dans le cuivrage ; mais il paraît établi qu'il est dû également en partie à une action plus spécialement chimique, car le zinc lui-même se recouvre de cuivre et l'action décomposante n'en continue pas moins. De plus, il suffit d'une très petite quantité de zinc et d'un petit nombre de points de contact pour que le dépôt s'effectue dans de bonnes conditions ; enfin la quantité de zinc dissous est loin d'être proportionnelle à celle du cuivre déposé.

Lorsque nous aurons étudié les autres procédés de cuivrage et notamment les procédés de Oudry, nous les comparerons à ceux de Weill, et nous indiquerons quelles sont, suivant nous, les applications qui conviennent plus spécialement à l'un ou l'autre de ces procédés.

Etamage par voie de double affinité

(*Procédé Roseleur et E. Boucher*).

Ce procédé d'étamage, qui donne des résultats remarquables, a été breveté il y a plusieurs années par Roseleur et Boucher ; il est aujourd'hui dans le domaine public et rend de grands services à plusieurs industries.

Pour donner une idée de l'efficacité de ce dépôt pour protéger la fonte, nous dirons que l'on avait fait figurer, *sans les retoucher*, à l'Exposition de 1867, des pièces étamées par Roseleur et E. Boucher, qui avaient obtenu le *Prize Medal* à Londres en 1862, et qu'elles étaient encore irréprochables.

Le bain propre à obtenir l'étamage peut varier à l'infini dans sa composition ; mais voici deux formules qui atteignent rapidement et sûrement le but :

Première formule :

        Eau distillée . . . . 300 litres
        Crème de tartre . . . . . .   3 kg.
        Protochlorure d'étain. . . 300 g.

On dissout le tout ensemble, et il en résulte une dissolution incolore, mais à réaction fortement acide, qui constitue le bain.

Deuxième formule :

        Eau distillée . . . . 300 litres
        Pyrophosphate de potasse. .   6 kg.
        Protochlorure d'étain acide. 600 g.
        Le même, fondu . . . . 2400 g.

On dissout le tout en même temps sur un tamis métallique, et, après agitation, il reste un liquide clair qui est le bain.

L'une ou l'autre de ces dissolutions est disposée dans un tonneau défoncé par le haut et d'une capacité suffisante. Ce tonneau (fig. 17) reçoit à la partie latérale de sa base, mais à des hauteurs différentes, les deux tubes d'un petit bouilleur de métal disposé sur un fourneau en contre bas du fond de la cuve : le tube A qui affleure le fond du tonneau plonge, par son autre extrémité, presque au fond du bouilleur ; le tube B, au contraire, celui qui pénètre plus haut dans la cuve, à 6 ou 8 centimètres du fond, part du sommet même du bouilleur ; enfin, ce bouilleur porte encore un troisième tube en S qui sert à préserver l'opérateur d'une explosion, au cas où il y aurait une obstruction des tubes qui font communiquer le tonneau et le bouilleur.

Fig. 17.

On comprend sans peine que les choses étant ainsi disposées, et le liquide remplissant la cuve et le bouilleur, si nous venons á chauffer ce dernier, le liquide qu'il contient se dilatant par la chaleur deviendra plus léger et montera au sommet de la cuve par le tube qui débouche le plus haut dans celle-ci. mais en même temps le vide sera comblé par une égale portion de liquide froid.et par conséquent plus lourd, qui rentrera de la cuve dans le bouilleur par le tube qui plonge au fond de celui-ci.

Il s'établira donc ainsi un mouvement de circulation perpétuelle qui rapportera constamment les parties les plus froides dans le bouilleur, en même temps que les plus chaudes en seront chassées en vertu de leur densité moindre. Cette méthode n'a pas seulement pour but de chauffer le liquide, elle est surtout intéressante parce qu'elle tient le bain dans une agitation continuelle et renouvelle à mesure qu'elles s'appauvrissent d'étain les couches de liquide qui touchent les pièces à étamer.

S'il s'agit d'étamer de gros objets comme des vases culinaires en fonte, par exemple, on se contente, après les avoir décapés et rincés, de les jeter pêle-mêle dans le bain avec quelques fragments de zinc, ou mieux, avec quelques spirales de ce métal ; ces dernières ont l'avantage de tacher moins par leur contact les objets à étamer.

Si, au contraire, on a affaire à de très petits objets, comme épingles, agrafes, clous, etc., on les dispose en lits de 2 ou 3 centimètres d'épaisseur sur des plaques de zinc percées de petits trous qui permettent l'échange du liquide, et entourées d'un rebord pour que les articles qu'elles contiennent ne puissent rouler au dehors. Ces plaques sont descendues dans le bain à l'aide de chaînes numérotées pour qu'on puisse les sortir en sens inverse de leur introduction. Ces plaques doivent être grattées et décrassées quand besoin est.

La durée de l'opération peut varier de une heure à trois, après quoi on retire le tout pour introduire dans le bain 250 grammes de pyrophosphate et au-tant de protochlorure d'étain fondu. Pendant la dissolution de ces sels, on a gratte-bossé les gros objets ou remué les petits avec une fourchette ou trident de fer pour changer les points de contact; et on introduit de nouveau le tout au bain encore pendant deux heures au moins; il faut ces deux immersions successives et ce temps minimum pour faire un étamage convenable. Il ne reste plus qu'à gratte-bosser de nouveau les gros objets si on les veut brillants, à baqueter ou sasser les petits et à sécher le tout à la sciure de sapin bien sèche et chaude pour que l'opération soit terminée.

Si l'on aperçoit que le dépôt d'étain, quoique abondant, est gris et terne, on charge une ou deux fois le bain avec du protochlorure d'étain acide; si, au contraire, le dépôt devient très blanc, mais boursouflé et sans adhérence ni épaisseur, on supprime le sel acide et on le remplace par le desséché. On peut, dans ce cas aussi, diminuer la dose de sel d'étain et augmenter celle de pyrophosphate.

Lorsqu'un bain d'étamage a longtemps fonctionné, il faut avoir soin de le décanter pour en séparer le pyrophosphate de zinc qui s'est formé. Lorsqu'il est après quelques années, tout à fait hors de service par suite d'une profonde altération des sels, il doit être mis dans des baquets dit de *conservation*, parce qu'après le décapage on y conserve les pièces qu'on destine à l'étamage.

DES DÉPÔTS GALVANIQUES EN COUCHES MINCES.

Nous abordons maintenant la partie la plus importante de la galvanoplastie, tant par l'admirable variété des produits qu'elle permet d'obtenir que par l'immense quantité d'objets qu'elle livre au commerce, après avoir donné aux métaux vils l'éclat et l'aspect des métaux précieux. La dorure et l'argenture sont les plus importants de ces dépôts métalliques, et il ne sera peut-être pas sans intérêt d'examiner les transformations successives qui ont amené cet art au degré de perfection où nous le voyons aujourd'hui, et qu'il semble impossible de dépasser.

A peine Volta avait-il inventé l'admirable appareil qui l'a illustré, qu'on essaya d'appliquer la pile à la décomposition des dissolutions métalliques.

Volta lui-même, Nicholson et Cruikshank avaient appliqué la pile à la précipitation des métaux, mais sans songer à les obtenir dans l'état spécial qui constitue les qualités d'un bon dépôt métallique. Ils avaient obtenu des dépôts pulvérulents, lamelleux ou cristallins, mais point de couches continues et adhérentes.

Brugnatelli, élève de Volta, puis son collègue à l'Université de Pavie, obtint le premier, en 1802, un dépôt d'or et d'argent offrant l'aspect d'une couche régulière et uniforme, comme il convient à la dorure et à l'argenture. Brugnatelli parvint même à déposer le platine ; mais ce métal était réduit à l'état de poudre très-fine, qui ne prenait de l'éclat et de l'adhérence que par le frottement.

Les dissolutions à l'aide desquelles opérait Brugnatelli étaient alcalines : c'étaient des ammoniures d'or, d'argent ou de platine, c'est-à-dire les produits que l'on obtient en traitant par l'ammoniaque les chlorures d'or et de platine, ou l'azotate d'argent.

Il y a bien de l'obscurité dans les descriptions que donne Brugnatelli de la méthode qu'il employait, et même une lacune importante, car il ne dit pas dans quel dissolvant il opérait avec l'ammoniure d'or, qui est insoluble dans l'eau distillée. Quoi qu'il en soit voici comment procédait le chimiste italien, d'après le *Journal de Physique et de Chimie* de Van Mons :

« La méthode la plus expéditive de réduire à l'aide de la pile les oxydes métalliques dissous est, dit-il, de se servir à cet effet de leurs ammoniures : c'est ainsi qu'en faisant plonger les extrémités de deux fils conducteurs de platine dans de l'ammoniure de mercure, on voit en peu de temps le fil du pôle négatif se couvrir de gouttelettes de ce métal... »

« J'ai dernièrement doré d'une manière parfaite, dit le même chimiste dans un autre journal, deux

4

grandes médailles d'argent, en les faisant communiquer à l'aide d'un fil d'acier avec le pôle négatif d'une
pile de Volta, en les tenant l'une après l'autre dans
des ammoniures d'or récemment préparés...»

Barral, Chevalier et Henri, voulant essayer de reproduire les opérations de Brugnatelli, en suivant
ses indications, n'ont obtenu que des résultats très
imparfaits, et on ignore la nature du dissolvant
qu'employait le savant italien.

Toutefois, comme rien ne peut faire croire que Brugnatelli ait voulu en faire un mystère, on est conduit à supposer que ce dissolvant se trouvait être le
liquide lui-même, dans lequel l'ammoniure était précipité. En effet si l'on prend une dissolution d'or dans
l'eau régale, et que, sans l'évaporer pour chasser
l'excès d'acide, on y verse un excès d'ammoniaque,
on obtient bien le précipité d'ammoniure d'or ; mais
ce précipité se redissout en partie, surtout par l'action de la chaleur, dans les sels ammoniacaux qui se
sont formés. Il est donc probable que la dissolution
de Brugnatelli était du chlorure double d'or et d'ammonium, et non de l'ammoniure d'or.

Le problème de la dorure était peut-être résolu
au point de vue scientifique ; mais il était loin de
l'être en pratique, et de longues années s'écoulèrent
sans qu'on en fit aucune application sérieuse.

En 1825 De la Rive, à Genève, reprit les expériences
de Brugnatelli, et essaya de décomposer le chlorure
d'or par la pile. Le succès ne couronna pas ses efforts,

et il ne réussit à dorer que le platine, seul métal, en effet, qui ne soit pas attaqué sensiblement à froid par le chlore mis en liberté par la décomposition du chlorure d'or.

Ce n'est qu'en 1840, c'est-à-dire après les travaux de Becquerel sur l'application des décompositions électrochimiques au traitement des minerais, que De la Rive réalisa l'idée d'employer l'appareil simple pour l'application de l'or sur les métaux.

Voici comment procédait le chimiste de Genève :

Une solution d'or très étendue est placée dans un cylindre de baudruche, qui plonge lui-même dans un vase rempli d'eau acidulée par quelques gouttes d'acide sulfurique. On fait plonger dans le vase extérieur une lame de zinc qui communique par un fil métallique à l'objet à dorer, qu'on plonge dans le cylindre de baudruche. La dissolution d'or doit être aussi neutre que possible, et il faut opérer avec un courant très faible. Malgré ces précautions, la dorure est loin d'être parfaite, et ce procédé présente plusieurs inconvénients : les principaux sont le peu d'adhérence de l'or et la perte notable de ce métal par suite du contact de la dissolution d'or avec la baudruche, et de l'endosmose qui se produit peu à peu à travers la membrane et fait que l'or se précipite sur le zinc.

Il fallait donc trouver une meilleure méthode si on voulait faire de la dorure galvanique un art capable de rendre quelques services à l'industrie. Elsner démontra que le défaut d'adhérence tenait à l'acidité de la liqueur aurifère, et Boettger, mettant ces observations à profit, parvint à dorer dans du chlorure double d'or et de potassium.

Mais la solution complète du problème et la première application véritablement pratique de la dorure à la pile, est due aux frères Elkington de Birmingham (1).

Le 29 septembre 1840, Henri Elkington prit un brevet pour la dorure du cuivre à l'aide d'une dissolution d'oxyde d'or dans du prussiate de potasse. Au début il employa l'appareil simple à la production du courant galvanique. Son appareil ne différait guère de celui de De la Rive qu'en ce qu'il avait substitué à la baudruche un vase en terre poreuse.

Richard Elkington prenait à la même époque un brevet pour l'application de l'argent, à l'aide du courant galvanique, et d'une solution de chlorure d'argent dans le prussiate de potasse.

La dorure et l'argenture électrochimiques étaient dès lors découvertes et allaient bientôt prendre une importance industrielle considérable.

De Ruolz vint ensuite et employa l'appareil composé et un grand nombre de dissolutions, dont les principales sont :

(1) Suivant G. Zinin, la première application des cyanures doubles pour l'argenture fut faite en Angleterre par John Wrigt, qui vendit son invention à la maison d'Elkinstone, à Birmingham.

Le cyanure d'or dissous dans le cyanure simple de potassium ;

Le cyanure d'or dans le prussiate jaune ;

Le cyanure d'or dans le prussiate rouge ;

Le chlorure d'or dans les mêmes cyanures ;

Le sulfure d'or dans le sulfure de potassium.

De Ruolz chercha également à déposer d'autres métaux, et réussit notamment à déposer du laiton par voie électrochimique.

Si donc on a donné à tort à de Ruolz le mérite de la découverte de l'argenture et de la dorure électrochimique, puisqu'il avait été précédé de plusieurs mois par les frères Elkington, il serait injuste de lui refuser le mérite d'avoir cherché à perfectionner et à généraliser les procédés des manufacturiers anglais.

Roseleur et Lanaux parvinrent à obtenir le platine en couches adhérentes et d'épaisseur facultative, et Roseleur appliquant les phosphates et les sulfites à la dissolution de divers oxydes métalliques, rendit tout à fait pratiques la plupart des opérations de l'électrométallurgie.

Bien d'autres chimistes concoururent à amener cette belle science au dégré de perfectionnement qu'elle a atteint, mais ce que nous avons dit suffira, nous l'espérons, pour donner une idée juste de son histoire, et nous nous occuperons dès à présent des procédés employés aujourd'hui dans la pratique industrielle, après avoir dit quelques mots des piles hydro-élec-

triques, thermo-électriques et des machines-dynamo-
électriques les plus généralement usitées.

PILES.

Malgré le très grand nombre de piles des divers
systèmes qu'on trouve aujourd'hui, il n'en est guère
qu'un petit nombre qu'on peut appliquer aux dépôts
métalliques ; ce sont :

La pile de Bunsen, la pile de Smée modifiée, la pile
Daniell, la pile Carré et la pile de De Lalande et Chaperon.

Pile de Bunsen. — Cette pile s'emploie toutes les

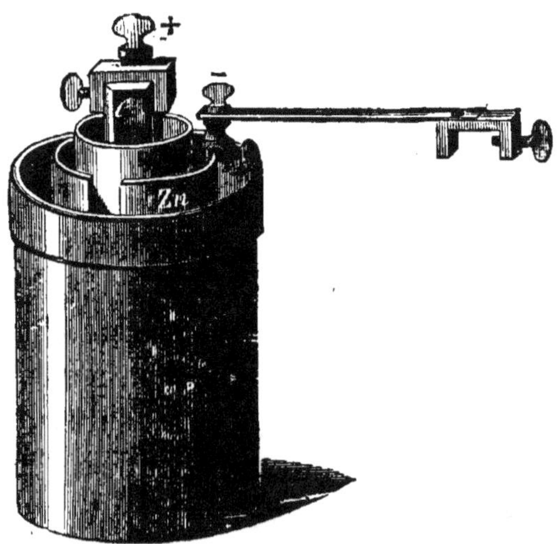

Fig. 18.

fois qu'on a besoin d'un courant énergique. Il est à peine besoin de décrire cette pile que tout le monde connaît, et que représente la fig. 18. La fig. 19 représente la coupe de cette même pile.

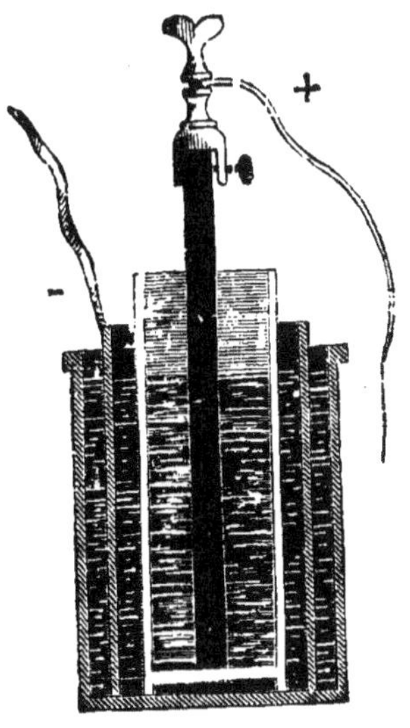

Fig. 19.

On voit qu'elle se compose d'un vase extérieur en grès ou porcelaine, d'un cylindre de zinc, d'un vase poreux en porcelaine dégourdie, et enfin d'un charbon de cornue. Dans le vase poreux on met de l'acide azotique ordinaire, et dans le vase extérieur de l'eau acidulée avec 2 ou 3 centièmes d'acide sulfurique, et contenant 1 à 2 pour 100 de bisulfate de mercure destiné à amalgamer le zinc.

On réunit les éléments en tension en faisant communiquer le charbon du premier élément avec le zinc du deuxième, et ainsi de suite (fig. 20).

Il reste un zinc libre à une extrémité et un charbon
libre à l'extrémité opposée ; les objets à recouvrir seront mis en communication avec le zinc (pôle négatif), et la solution métallique du bain avec le charbon
(pôle positif).

Fig. 20.

Pile de Smée modifiée. — Cette pile s'emploie
surtout pour les dépôts de galvanoplastie proprement
dite ; elle est moins énergique que la pile de Bunsen,
mais d'un emploi plus commode et d'un entretien
moins coûteux.

Elle se compose, comme on le voit par la simple
inspection de la fig. 21, d'une auge en gutta-percha,

portant intérieurement trois rainuresverticales. Dans
une de ces rainures se trouvent des plaques de charbon de cornue ; les deux autres reçoivent des lames
de zinc.

Fig. 21.

Pour faire fonctionner cette pile, il suffit de remplir le vase d'eau saturée de sel marin, ou acidulée
d'un vingtième d'acide sulfurique.

Quelquefois, surtout pour les appareils de grande
dimension, on remplace le charbon de cornue par des
lames de cuivre argenté ou platiné.

Pile Daniell. — La fig. 22 montre la disposition d'un élément de cette pile, qui se compose :

1° D'un vase cylindrique en grès ou porcelaine ;

2° D'un cylindre de zinc muni d'un long **ruban de cuivre rouge** ;

3° D'un cylindre poreux en porcelaine dégourdie ;

4° D'un ballon de verre rempli de cristaux de sulfate de cuivre et bouché d'un liège portant latéralement deux encoches.

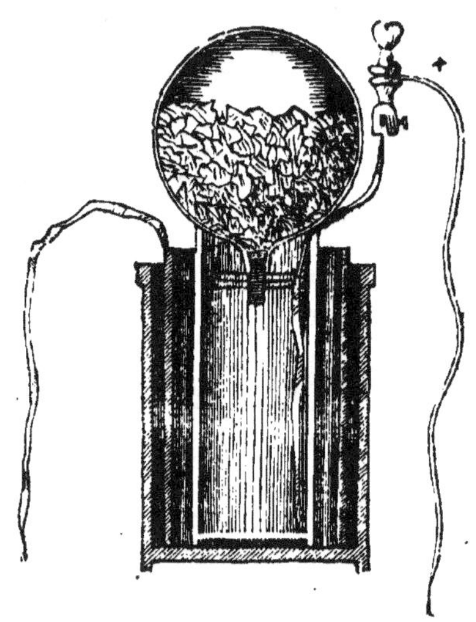

Fig. 22.

Il suffit de remplir d'eau le vase poreux et le ballon, et d'eau acidulée le vase extérieur, pour mettre la pile en fonctionnement.

Cette pile convient surtout pour la dorure de très petites pièces, telles que les mouvements de montre,

et pour les opérations où on n'a besoin que d'un faible courant.

La figure 23 représente une pile de trois éléments
Daniell.

Fig. 23.

Pile de F. Carré. — Elle se compose d'un vase
en verre au fond duquel est placé un croisillon en
bois sur lequel repose un cylindre de zinc ou électrode négative que des saillies, pratiquées sur le
croisillon, maintiennent dans une position fixe. L'é-
lectrode positive est constituée par un tube de cuivre

rouge ; celui-ci repose sur un godet de porcelaine qui sert de fond à un vase en papier parcheminé de même diamètre, auquel il est solidement fixé par plusieurs tours de cordelette. Sur le haut du **tube de cuivre** est placée une rondelle en fibre vulcanisée, dont le pourtour porte des encoches correspondant à d'autres encoches pratiquées à la base du godet de porcelaine. Une cordelette solide, allant plusieurs fois de haut en bas et retenue par ces encoches, maintient solidement le tube de cuivre au centre du cylindre **en** papier parcheminé (fig. 24).

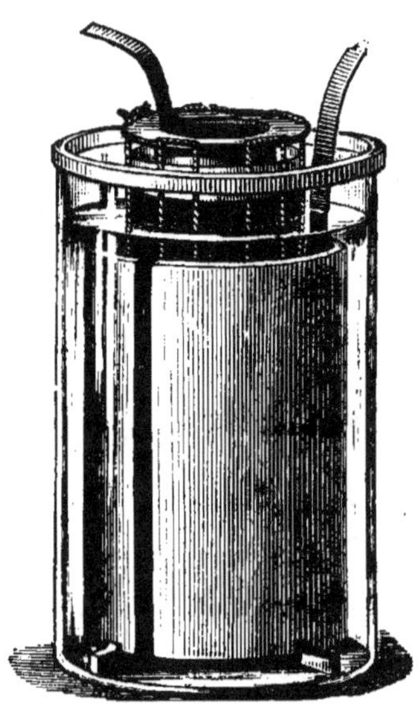

Fig. 24.

Le montage de la pile s'obtient de la manière suivante :

vante :

1° Remplir le tube en cuivre de sulfate de cuivre ;

2o Verser dans le vase en verre, jusqu'au bord supérieur du zinc, une dissolution de sulfate de zinc à 20°-25° Baumé ;

3o Ajouter de l'eau dans le tube de cuivre jusqu'à ce que le niveau dans le vase en papier parcheminé atteigne celui de la dissolution de sulfate de zinc.

Pile de De Lalande et Chaperon. — Elle se compose d'une lame ou d'un cylindre de zinc formant le pôle négatif, d'une solution de potasse caustique à 30 ou 40 pour cent comme liquide excitateur, et d'oxyde de cuivre mis en contact avec une surface métallique comme dépolarisant.

Le zinc occupe la partie supérieure de l'élément.

L'oxyde de cuivre est contenu dans un récipient en cuivre ou en fer, qui occupe la partie inférieure de l'élément et qui sert en même temps d'électrode positive.

Dans certains modèles, le vase extérieur, au lieu d'être en verre, est en fer et sert par conséquent d'électrode positive.

Pile de Duchemin. — Cette pile, qui est usitée dans quelques ateliers pour la dorure galvanique se compose d'une électrode de zinc qui trempe dans une solution de chlorure de sodium au milieu de laquelle on place un vase poreux qui contient une solution de chlorure ferrique et une électrode en charbon.

PILES THERMO-ÉLECTRIQUES.

Pile de Noé. — Les électrodes qui constituent ce couple sont : un alliage à base d'antimoine et du maillechort.

A l'extrémité supérieure d'un cylindre formé d'un alliage d'antimoine et de zinc, est soudée une capsule en maillechort, terminée par un petit manchon de même métal ; une pointe en fer surmonte le tout et

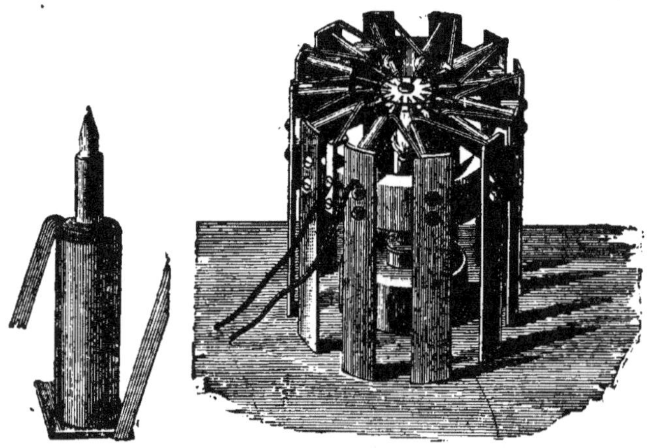

Fig. 25.

vient conduire la chaleur du brûleur jusqu'à la soudure intérieure. Un faisceau de fils de maillechort, partant de la capsule de chacun des éléments pour aboutir au talon de l'élément suivant, forme le circuit extérieur (fig. 25).

Fig. 26.

Chaque élément développe, en marche normale, une force électromotrice de 0,062 volt et possède une résistance de 0,025 ohm.

En Autriche, les bijoutiers se servent fréquemment d'une pile Noé de 40 éléments chauffés au gaz pour leurs opérations d'argenture, de dorure et de nickelage.

Pile de Clamond. — Les électrodes qui constituent ce couple sont un alliage d'antimoine et de zinc, et du fer.

La fig. 26 nous montre une couronne de ces éléments qui sont fondus de façon à former une pile soit directement, soit par une simple soudure des bandes de métal. Plusieurs de ces piles sont placées l'une sur l'autre, en ayant soin d'observer une isolation soignée.

Une pile de ce système composée de 5 couronnes de 10 couples chacune, avec une dépense de 170 litres de gaz, dépose régulièrement 20 grammes de cuivre à l'heure, ce qui correspond à une intensité d'environ 17 ampères.

La fig. 27 représente une pile Clamond de grande dimension, chauffée au coke.

Pile de Chaudron. — Cette pile, représentée en coupe par la fig. 28, a beaucoup d'analogie avec la précédente et se chauffe également au gaz.

La force électromotrice de chaque élément de cette pile est de 0,06 volt.

Il faut brûler 30 m³ de gaz pour produire un che-

val-heure. Une pile de 100 éléments réunis en tension
donne un courant de 5,5 volts et de 6 ampères. La

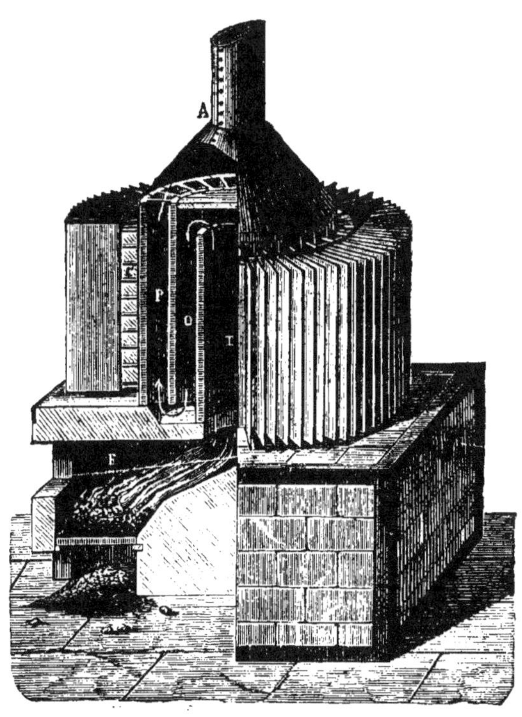

Fig. 27.

même pile, montée en quantité, dépose 60 g. de cuivre à l'heure et brûle 300 litres de gaz.

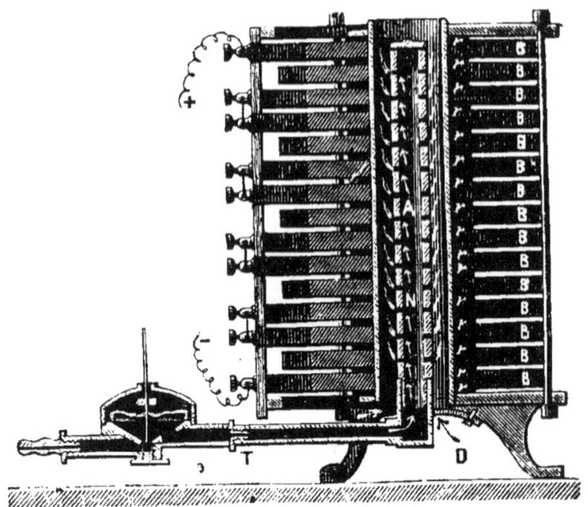

Fig. 28.

T, tubulure servant à l'arrivée du gaz : — A, tuyau en terre percé
de trous par lesquels le gaz s'échappe pour brûler dans l'espace
annulaire ; — D, prise d'air nécessaire à la combustion du gaz :
BB, barreaux d'alliage ; — rr, rondelles d'amiante isolantes.

MACHINES DYNAMO-ÉLECTRIQUES.

Depuis quelques années, les machines électriques
sont beaucoup plus employées qu'auparavant, en raison des grands avantages qu'elles présentent pour
toutes les opérations électrolytiques où il faut traiter
continuellement de grandes quantités de matière,
particulièrement pour l'électrométallurgie et la galvanoplastie. En général, les machines destinées aux
opérations électrochimiques doivent fournir des
courants constants de même direction, et de grande
intensité, mais d'une force électromotrice relative-

ment faible. Il faut donc prendre des machines à courant continu au lieu des machines à courant alterna-
tif ; on construit leurs anneaux avec des fils de dia-

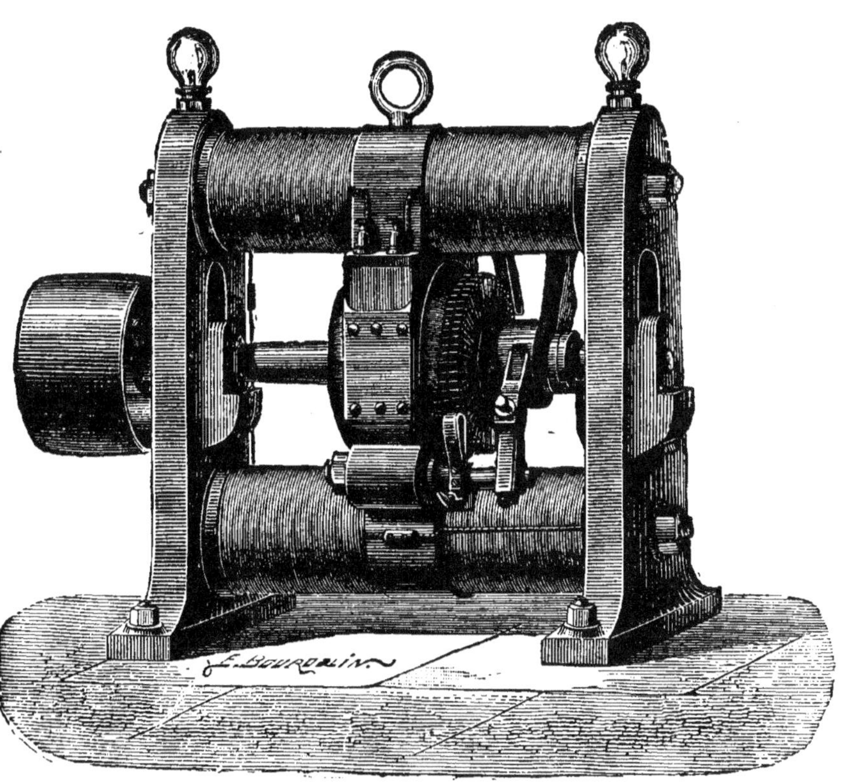

Fig. 29.

mètre considérable et par conséquent de faible résis-
sistance.

Machines Gramme. — Les machines Gramme
pour galvanoplastie ont été établies sous des formes

extrêmement variées. Les plus répandues sont celles du type représenté par les figures 29 et 30.

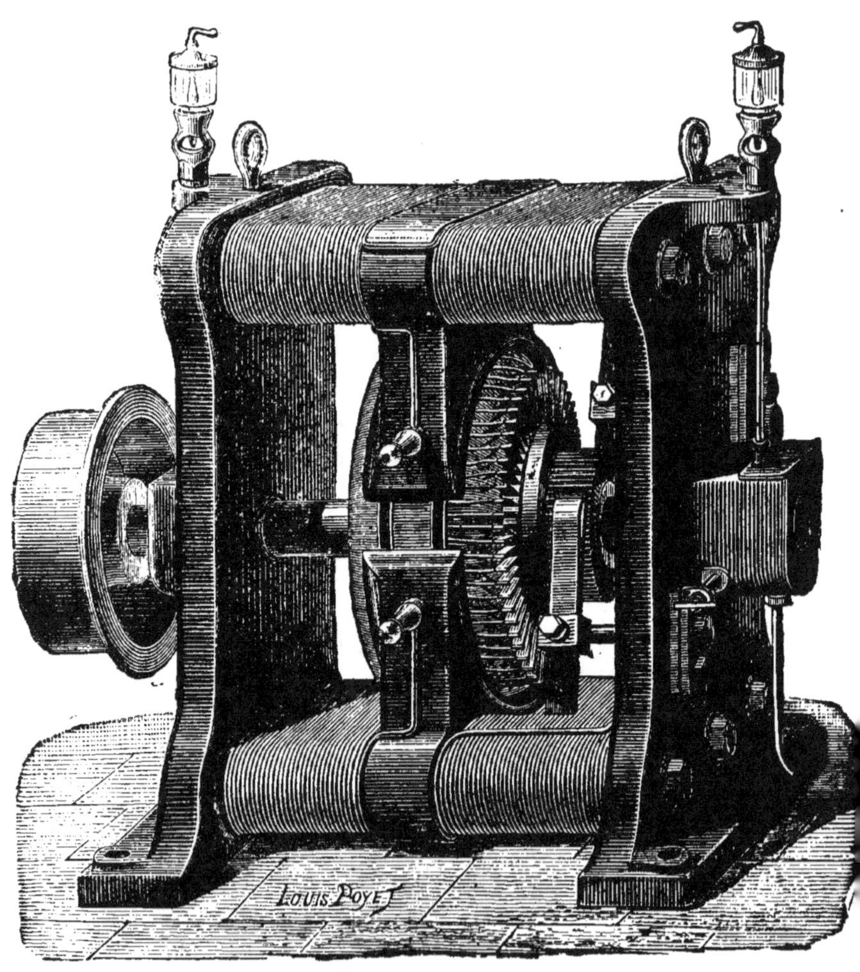

Fig. 30.

Il existe plusieurs modèles de machines à galvanoplastie qui sont fabriquées en France par la Société

Gramme. Le type n° 1, principalement employé dans les usines d'argenture et de dorure, dépose à l'heure de 600 grammes à un kilogramme d'argent dans de bonnes conditions ; la force absorbée est au maximum de 1 cheval. Utilisé pour l'affinage du cuivre, il précipite 250 kg. de ce métal par jour avec une force de 5 chevaux.

Cette machine débite : 300 ampères avec une f. é-m. de :

4 volts, à la vitesse de 500 tours.
7 — — 700 —
10 — — 1000 —

Le type n° 2 a de plus petites dimensions et se trouve par suite plus employé. Il dépose par heure de 150 à 250 grammes d'argent, ou de 50 à 80 grammes de nickel ou de cuivre en consommant une force motrice qui varie de 20 kilogrammètres à 1 cheval.

Cette machine débite : 65 ampères avec une f. é-m. de :

6 volts, à la vitesse de 800 tours.
7.5 — — 1000 —
9 — — 1200 —

Le type n° 3 est spécialement destiné aux dépôts de nickel produit environ 25 ampères avec une f. é-m. variant de 6 à 10 volts suivant la vitesse.

Le type n° 4 est spécialement employé pour l'affinage du cuivre, peut facilement produire 1 tonne de métal par jour. Sa vitesse normale est de 500 tours et, dans ces conditions, on obtient, suivant les besoins, 3500 ampères et 4 volts ou 1750 ampères et 8 volts. La vitesse peut être portée jusqu'à 750 tours, ce qui augmente la force électromotrice du courant de 50 pour cent.

Machine de Fein. — Cette machine qui est surtout employée en Allemagne est une modification de la machine de Gramme.

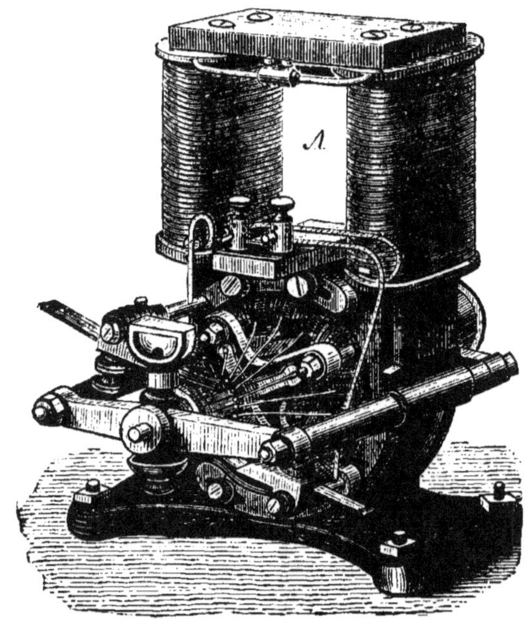

Fig. 31.

Le modèle représenté par la fig. 31 convient pour l'électrolyse dans les laboratoires, le modèle représenté par les figures 32 et 33 est destiné à la galvanoplastie et l'électrométallurgie.

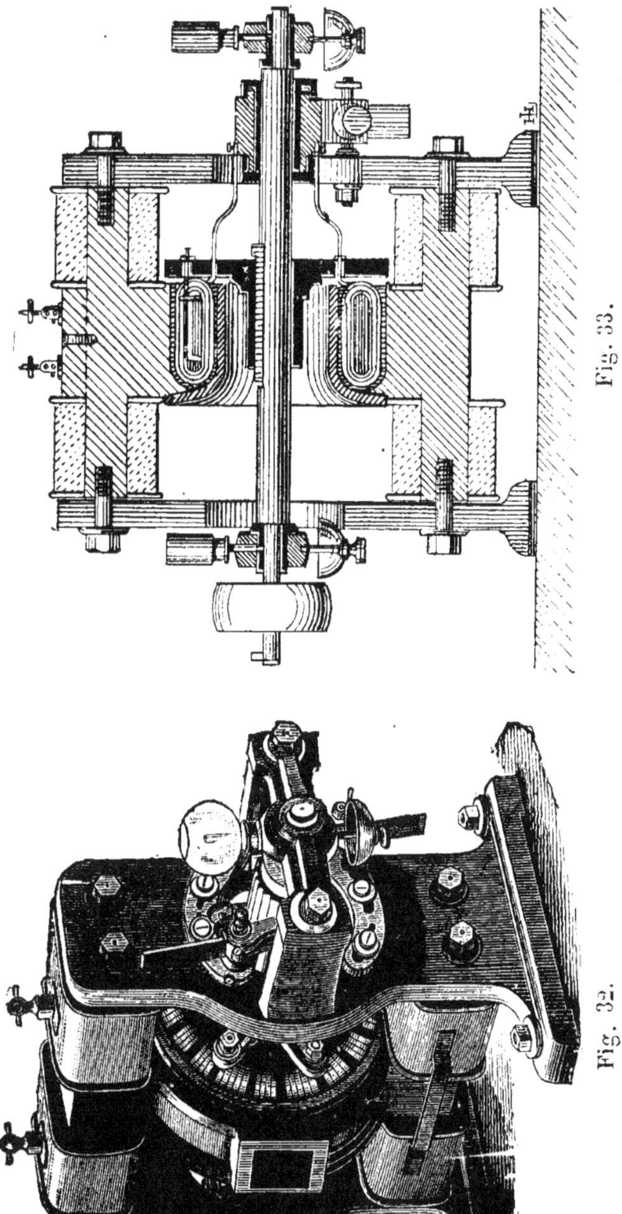

Fig. 33.

Fig. 32.

Machine Siemens. — Pour les usages de la galvanoplastie, la *maison Siemens* construit un type spécial de machine représenté dans la fig. 34.

Fig. 34.

Les machines Siemens se construisent en plusieurs grandeurs ; nous nous bornerons à mentionner les suivantes :

Le modèle C, opérant sur du cuivre brut, fournit 250 kilogrammes de cuivre pur en 24 heures, moyennant une dépense de 10 chevaux-vapeur.

Le modèle C_2 servant au même objet, fournit en 24 heures 150 kilogrammes de cuivre pur moyennant une dépense de 6 chevaux-vapeur.

Le modèle C_6 pour fort cuivrage (fabrication des clichés par exemple) décompose même quatre bains placés en tension. Cette machine précipite dans chacun d'eux une quantité de cuivre s'élevant jusqu'à 200 grammes,et, avec une dépense de 1 cheval à 1 cheval et demi, elle développe une force électromotrice de 3 à 6 volts.

Nombre de tours : 400 pour un bain, 650 pour 2 bains, 800 pour 3 bains, 900 pour 4, chacun de ces bains ayant 2 mètres carrés de surface de cathodes.

Le modèle C_6 pour forte argenture, laitonisage, bronzage, le cuivrage du fer, mais non pour le nickelage, dépense de un demi-cheval à un cheval et engendre une force électromotrice de 2 à 5 volts. Cette machine avec une vitesse de 600 à 1000 tours par minute, suivant la grandeur de la surface des cathodes, précipite jusqu'à 300 grammes d'argent par heure dans un ou dans plusieurs bains disposés parallèlement sur le circuit.

Le modèle C_6 pour le nickelage, mais aussi pour le laitonisage, le bronzage et le cuivrage du fer etc., avec le même nombre de tours et la même dépense de force que la machine précédente, mais avec une tension de 2 à 12 volts aux pôles décompose un ou plusieurs bains intercalés parallèlement dans le circuit précipite jusqu'à 50 grammes de nickel par heure, et nickéle bien, en 3 minutes, une surface ayant 1 mètre carré (1).

---

(1) Pour plus de détails : voir *L'Électrolyse et l'électrométallurgie,* par Japing.

Fig. 35.

Fig. 36.

Machine Schuckert. — Cette machine dont les principaux modèles sont représentés par les figures 35 et 36, est très employée en Allemagne et principalement en Bavière.

Le tableau suivant (1), donne les dimensions principales de ces machines à une prise de courant. Leur rendement économique est maximum quand elles précipitent trois grammes de cuivre par mètre carré et par heure.

Quand le précipité est moindre, la dépense de force est moindre.

Tableau I. — Machines à une prise de courant.

Numéro du modèle.	Cuivre précipité par heure, en kilogr.	Bains en tension.	Surface des objets par bains, en mètres carrés.	Nombre de tours par minute.	Force nécessaire en chevaux-vapeur.	Diamètre de la poulie en millimètres.	Largeur de la poulie en millimètres.	Poids en kilogrammes.	Dimensions de la machine		
									Longueur avec poulie, en millimètres.	Largeur en millimètres.	Hauteur en millimètres.
GO	0,15	1	0,5	1000	1	65	40	50	500	220	300
1/2	0,30	1	1	950	1,5	100	65	80	600	270	350
1	0,60	2	1	800	2	150	110	120	755	375	430
2	1,00	2	1,5	750	3	150	110	180	870	425	545
3	1,50	2	2	650	5,5	180	150	250	980	450	610
4	2,60	3	3	600	7	210	175	360	1180	505	680
5	5,40	5	5	550	9	240	200	420	1300	600	780

Le tableau suivant se rapporte aux machines dynamo-électriques à deux prises de courant, employées

(1) *L'électrolyse et l'électrométallurgie*, par Japing.

pour le nickelage, l'argenture, la dorure et les
autres précipitations de métaux ; ce sont des machines dans lesquelles on peut renverser les pôles des
électro-aimants. Les indications concernant le poids
du dépôt se rapportent aux grandeurs de bains usitées dans les grands établissements industriels et
aux installations pour bon dépôt.

Tableau II. — Machines à deux prises de courants.

Numéro du modèle.	Précipité par heure		Tours par minutes.	Force nécessaire en chevaux-vapeur.	Diamètre de la poulie, en millim.	Largeur de la poulie, en millim.	Poids en kilogrammes.	Dimensions de la machine.		
	Grammes d'argent	Grammes de nickel						Longueur avec poulie, en millimètres.	Largeur en millimètres.	Hauteur en millimètres.
1/2	550	170	1000	1	65	40	86	730	270	350
1	1200	350	800	1 1/2	100	65	130	900	375	430
2	2000	600	750	2 1/2	150	110	190	1030	425	545
3	3300	1000	650	3 1/3	180	150	265	1120	450	610
4	4800	1500	750	5	210	175	340	1330	505	680

Machine Weston. — Cette machine (fig. 37), est
très appréciée en Amérique, surtout dans les nom-
breux ateliers de nickelage de New-York et de Phi-
ladelphie.

Les courants alternatifs qui se produisent dans les
électro-aimants mobiles sont redressés et servent à
exciter les électro-aimants fixes et à produire le travail chimique auquel ils sont destinés.

Fig. 37.

Fig. 38.

Machine Chertemps et Dandeu. — Cette machine (fig. 38), est remarquable surtout par le rendement qui est assez élevé relativement à son faible poids et ses petites dimensions. Cette machine est employée avec succès dans les ateliers de Chertemps pour le nickelage de divers objets.

Il existe un grand nombre d'autres systèmes de machines dynamo-électriques, ces machines, étant presque toutes destinées aux applications d'éclairage électrique nous n'en donnerons ni analyse, ni dessin (1).

Dorure galvanique.

La dorure galvanique se fait soit à chaud, soit à froid : à chaud pour les objets de petite et moyenne dimension, comme la bijouterie, les couverts, couteaux, flambeaux, etc.; à froid, pour les objets de grande dimension, comme pendules, lustres, candélabres, en un mot pour la grosse orfévrerie.

On a longtemps cru que la dorure faite à chaud est moins résistante que celle que l'on obtient à froid.

La vérité est au contraire qu'à *égale quantité d'or* la dorure à chaud est beaucoup plus solide que la dorure à froid. Ce qui a accrédité cette erreur, c'est

(1) On pourra consulter à ce propos le remarquable ouvrage du P. Clémenceau sur « les Machines dynamo-électriques », *B. Tignol. Editeur.*

que la plupart des dorures à chaud s'appliquant à des objets de peu de valeur, on a dû se contenter de déposer une petite quantité d'or, et qu'en opérant à froid il faut une plus grande quantité d'or pour donner à l'objet un aspect satisfaisant.

Voici les deux formules les plus employées pour les bains de dorure à froid :

  Eau distillée. . . . . 3 litres.
  Cyanure de potassium pur 30 grammes.
  Or vierge (en chlorure). . 10 —

On prépare ce bain en faisant dissoudre séparément le chlorure d'or bien neutre et le cyanure de potassium, et en versant la première dissolution dans la seconde.

Ce bain, surtout lorsqu'il est récemment préparé, est assez mauvais conducteur, et nous préférons la deuxième formule, qui donne des résultats plus réguliers :

  Eau distillée. . , ... 3 litres.
  Cyanure de potassium pur 25 grammes.
  Carbonate de potasse. . . 100 —
  Ammoniure d'or provenant de 10 grammes
  d'or.

L'ammoniure d'or se prépare en versant dans une dissolution de chlorure d'or un excès d'ammoniaque pure. On recueille le précipité sur un filtre, on le lave, et sans laisser sécher, car ce composé est détonant, on jette le filtre dans la solution de cyanure de potassium qu'on a préparée d'avance ; on fait bouillir une heure et on filtre pour séparer le papier du premier filtre. On ajoute alors la quantité d'eau suffisante pour faire 10 litres, et on peut opérer dès que le bain est froid.

On dispose ordinairement les bains d'or à froid dans des auges en bois doublées de gutta-percha, et ayant la forme indiquée dans la fig. 39.

Le pôle positif est mis en contact avec une lame d'or ou de platine, pendant que le pôle négatif communique avec une galerie en cuivre supportant les objets destinés à la dorure.

Il arrive quelquefois que les objets dorés à froid présentent une teinte peu satisfaisante: on peu remédier à cet inconvénient soit en trempant l'objet doré dans une solution de nitrate de mercure et le soumettant à l'action de la chaleur, soit en le barbouillant d'une bouillie de borax, chauffant et lavant dans l'eau acidulée par l'acide sulfurique.

Nous conseillons, pour éviter les chances d'insuccès, de recourir, toutes les fois que cela sera possible, aux bains de dorure à chaud.

Voici des formules qui donnent d'excellents résultats; toutefois, nous préférons la seconde à cause de la régularité de résultats qu'elle donne, et aussi parce qu'elle permet de déposer une très faible couche d'or, si on le désire, tout en donnant un très bel aspect à la pièce.

Fig. 39.

Première formule.

Eau distillée	100	litres.
Or en chlorure.	180	grammes.
Cyanure de potassium pur .	300	—
Carbonate de potasse	150	—

Deuxième formule.

Eau distillée	10	litres.
Phosphate de soude	500	grammes.
Bisulfite de soude	150	—
Cyanure de potassium pur .	10	—
Or (en chlorure d'or).	10	—

Ces bains s'emploient presque bouillants et avec une anode de platine ; on les entretient en y ajoutant de temps en temps une solution composée de 20 grammes de cyanure de potassium pour 10 grammes d'or, transformé en ammoniure, le tout dissous dans un litre d'eau.

On peut dorer, dans ces bains, le cuivre et ses alliages, tels que le bronze et le laiton. On y dore également bien l'argent et le platine ; mais pour le fer, la fonte et l'acier, il convient d'employer un bain ainsi composé :

Eau distillée	10	litres.
Or (en chlorure d'or)	20	grammes.
Cyanure de potassium pur.	10	—
Phosphate de soude	1200	—
Bisulfite de soude.	1200	—

Autres formules (1).

	Argent, cuivre et alliages riches en cuivre.	Fonte, fer et acier sans cuivrage préal.
Phosphate de soude cristallisé.	600 g.	500 g.
Bisulfite de soude.	100 »	125 »
Cyanure de potassium pur. . .	10 »	5 »
Chlorure d'or	10 »	20 »
Eau distillée.	10 litres	10 litres

1° Dissoudre à chaud le phosphate de soude dans 3 litres d'eau distillée et laisser refroidir.

2° Dissoudre le chlorure d'or dans un litre d'eau distillée.

3° Dissoudre le bisulfite de soude et le cyanure de potassium dans un litre d'eau, et mélanger cette dernière solution aux deux autres.

Rapidité du dépôt.—Dans un bain renfermant 2 g. de chlorure d'or par litre, on peut suivant Delval, déposer 25 centigrammes par heure et par décimètre carré. D'après H. Fontaine, la f.é-m. ne doit pas dépasser un volt et l'intensité par mètre de surface de cathodes, ne doit pas dépasser 10 ampères.

Dorure rose, rouge, blanche et verte (2).

Dorure rose. — On l'obtient en mélangeant 10 parties du bain d'or (*a*), avec 3 ou 4 parties du bain de cuivrage (*b*).

(1) et (2) *Traité théorique et pratique d'électrochimie,* par D. Tommasi.

Bain d'or (a).

Eau distillée . . . . , ...	10 litres.
Phosphate de sodium	500 grammes.
Bisulfite de sodium	125 —
Cyanure de potassium pur.	5 —
Chlorure d'or.	20 —

Bain de cuivrage (b).

Eau distillée	10 litres.
Acétate de cuivre.	200 grammes.
Carbonate de sodium	200 —
Bisulfite de sodium	200 —
Cyanure de potassium pur.	200 —

Dorure rouge. — Même composition de bain que précédemment. mais en employant un courant plus énergique.

Dorure blanche et dorure verte.— Il suffit d'ajouter au bain d'or des quantités variables de solution de cyanure double de potassium et d'argent, et de faire varier l'intensité du courant pour obtenir des teintes qui varient du vert poireau au jaune blanc très pâle.

D'après H. Fontaine, on obtient des dépôts d'*or vert* en faisant passer un courant électrique dans un bain d'or dont l'anode est en argent pur, jusqu'à ce que le métal qui se dépose au pôle négatif ait pris la couleur verte que l'on veut obtenir ; on arrête l'opération et l'on remplace l'anode en argent par une anode en or vert.

L'*or rouge* s'obtient de la même manière, en introduisant dans un bain d'or ordinaire une anode en cuivre, que l'on remplace par une lame d'or allié, aussitôt que l'effet est obtenu.

Il est mieux de cuivrer les objets avant de les mettre au bain. On devra aussi cuivrer l'étain, le plomb et le zinc, avant de les soumettre au bain de dorure, et on emploiera pour cela les bains alcalins, que nous décrirons bientôt. L'aluminium, au contraire, ne se cuivre bien que dans le bain acide de sulfate de cuivre.

On conçoit aisément que, si parfaite que puisse être la méthode de dorure que nous venons d'indiquer, elle exige dans certains cas des précautions ou des dispositions particulières pour la dorure de certains objets.

Le *trait* est employé à la fabrication de la passementerie et constitue une branche d'industrie importante, exploitée surtout à Lyon.

Après la dorure, le fil passe à la filière ou au laminoir, suivant qu'on veut le laisser rond ou l'aplatir.

La dorure des mouvements de montre exige également des préparations spéciales ; pour le détail de cette opération qui se fait surtout en Suisse et dans le Jura, nous renverrons à l'excellent ouvrage de Roseleur. Nous nous contenterons ici de dire que la préparation consiste en une argenture nommée *grainage,* qui donne à la pièce une apparence légèrement mate d'un effet très-agréable.

Cette argenture se fait en frottant les pièces à l'aide d'une brosse rude, avec le mélange suivant :

Poudre d'argent. .   30 grammes.
Sel marin   400   —
Crème de tartre. .   120   —

On dore ensuite la pièce dans le bain de dorure ordinaire.

Pour terminer ce que nous avons à dire de la dorure galvanique, il ne nous reste plus à parler que d'un procédé de dorure, qui tient à la fois de la dorure au mercure et de la dorure à la pile ; nous voulons parler du procédé imaginé par H. Dufresne.

La dorure au mercure présente, comme on sait, de grands dangers pour la santé des ouvriers, parce qu'ils sont constamment exposés à l'action des vapeurs mercurielles pendant l'opération. En effet, pour que la dorure présente sur toutes les parties de la pièce la même épaisseur et le même aspect, l'ouvrier doit sans cesse retourner la pièce sur le feu destiné à chasser le mercure par volatilisation et la frapper en tous sens avec la *brosse à doreur*. Il s'ensuit que malgré le perfectionnement introduit dans le tirage des hottes par Darcet, les ouvriers absorbent des doses de vapeurs mercurielles assez abondantes.

D'autre part, dans certains cas on ne trouve pas que la dorure galvanique offre assez d'épaisseur et de solidité, et on veut avoir recours au mercure. C'est alors que le procédé de H. Dufresne peut rendre des services ; voici en quoi il consiste : on prépare un bain neutre de mercure, à l'aide du nitrate de mercure neutralisé par du carbonate de soude et additionné de cyanure de potassium, et on soumet dans ce bain la pièce à l'action d'un courant électrique. Elle se recouvre d'une épaisse couche de mercure. On la dore alors par un des moyens ordinaires. Après avoir déposé une épaisse couche d'or, on replonge la pièce dans la dissolution de mercure. On évapore ensuite le mercure par l'action de la chaleur, sans avoir besoin de frotter la pièce à la brosse, comme dans la dorure ordinaire au mercure.

Ce procédé en lui-même présente quelques avantages au point de vue hygiénique, bien qu'il devienne nécessaire de procéder comme d'habitude pour *égaliser* la dorure dès qu'on veut obtenir une couche épaisse d'or et que par suite on a amalgamé fortement l'objet.

Coloration des objets dorés.

La *mise en couleur* consiste à barbouiller les pièces manquées, avec un mélange des sels suivants, fondus dans leur eau de cristallisation.

Sulfate de fer.	
Sulfate de zinc. . . .	parties égales.
Alun	
Azotate de potassium	

On porte ensuite la pièce dans un fourneau cylin-drique où se trouve un espace vide dans lequel rayonne la chaleur. On chauffe jusqu'à ce que les sels aient éprouvé la fusion ignée et que la masse ait pris l'aspect de la *terre à poële*. On projette alors vivement la pièce dans de l'eau additionnée d'acide sulfurique.

Fig. 40.

Les sels se dissolvent rapidement et la dorure ap-paraît avec une belle teinte chaude et uniforme.

S'il y a des parties trop colorées, on *égalise* en frap-pant ces parties avec les longues soies d'une brosse à manche (fig. 40).

Autres formules.

I

Alun	3 parties.
Azotate de potassium.	6 —
Sulfate de zinc.	3 —
Chlorure de sodium. .	3 —
Eau	ce qu'il faut pour faire une pâte.

On brosse les objets avec cette pâte, puis on les
chauffe sur une lame de fer, et ensuite on les lave à
l'eau.

II

Sulfate de cuivre	30 grammes.
Vert-de-gris	70 —
Chlorure d'ammonium.	60 —
Azotate de potassium. .	60 —
Acide acétique.	310 —

Les composés sont en poudre fine. On plonge dans
ce mélange les objets, puis on les chauffe sur une
plaque de cuivre, et, après refroidissement, on les
traite par l'acide sulfurique concentré.

Les objets doivent être chauffés dans les deux cas,
jusqu'à ce qu'ils aient atteint une teinte bleuâtre.

Dédoré.

On dédore le fer, l'acier, l'argent, le cuivre et leurs
alliages en les plongeant dans une solution à 10 pour
cent de cyanure de potassium et les reliant au pôle
positif de la pile ou de la dynamo de façon à consti-
tuer des anodes solubles. L'électrode négative est
constituée par une lame de platine. C'est sur cette
électrode que l'or vient se déposer, et d'où on le retire

ensuite en se servant de cette lame comme anode dans un bain de dorure.

Pour les gros objets, comme pendules, garnitures de foyers, lustres (et à la rigueur pour les petits articles), on emploie, à la place du cyanure, de l'acide sulfurique concentré à 66°, et, comme électrode négative, une lame de cuivre. L'or ne se dépose pas sur le cuivre, mais se précipite au fond du bain sous forme d'une poudre noire.

Pour la menue bijouterie, qui n'a été dorée que très légèrement, soit à la pile, soit au trempé, on la plonge dans le mélange suivant :

Acide sulfurique concentré.   1000 cm^3
— azotique   100
— chlorhydrique   200

Extraction de l'or des vieux bains.

(a) Le bain ne contient pas de cyanure.

On ajoute au bain de l'acide sulfurique et du sulfate ferreux, et on fait bouillir le liquide pendant quelques minutes. L'or se précipite à l'état d'une poudre brune violacée.

(b) Le bain contient du cyanure.

On évapore à siccité la solution et l'on calcine le résidu au rouge-blanc, en présence d'un peu de borax ou d'azotate de potassium.

On obtient ainsi un culot d'or métallique.

Moyen de reconnaître les dorures au mercure des dorures électrochimiques.

On attaque à froid, ou à une douce chaleur, par de l'acide azotique étendu, les divers objets dont on veut reconnaître l'origine de leur dorure, et l'on examine ensuite les pellicules d'or qui se détachent de ces objets. Si les petites pellicules sont *jaune d'or* sur les deux faces, c'est qu'elles proviennent de dorures faites, soit par le procédé de simple immersion dans une solution alcaline d'or, soit par le procédé galvanique.

Si, au contraire, les pellicules ont une couleur *rouge-brun*, sur la face interne (celle appliquée sur les objets recouverts), c'est qu'elles proviennent des dorures faites au mercure.

Platinage galvanique.

Diverses solutions de platine avaient été indiquées et essayées avec des succès contestables, lorsqu'en 1846, Roseleur et Lanaux découvrirent un procédé qui permet d'obtenir le platine à épaisseur avec une adhérence parfaite et avec toutes les propriétés physiques de ce métal.

Ce procédé d'abord breveté, puis abandonné par les inventeurs au domaine public, est devenu depuis quelques années d'une application assez fréquente.

Voici comment il convient de procéder :

On transforme 10 grammes de platine en chlorure de platine, aussi neutre que possible, et on met le chlorure en dissolution dans 500 grammes d'eau distillée. On ajoute une dissolution de 100 grammes de phosphate d'ammoniaque dans 500 grammes d'eau distillée, et enfin on redissout le précipité qui s'est formé en versant, peu à peu et en agitant, une solution de 500 grammes de phosphate de soude dans un litre d'eau.

On fait bouillir ce liquide pendant plusieurs heures, jusqu'à ce que le bain d'alcalin qu'il était, devienne sensiblement acide.

Ce bain employé à chaud et sous l'action d'un fort courant, donne un dépôt de platine adhérent et d'épaisseur presque illimitée, sur le cuivre et ses alliages. Il faut éviter d'y plonger des objets en fer, zinc, étain ou plomb, car le bain se décomposerait promptement et abandonnerait son platine sous la forme d'une poudre noire.

De Plazanet a préparé divers objets platinés par cette méthode, et notamment des capsules, qui ont résisté parfaitement aux acides nitrique et sulfurique à chaud.

Autre formule de platinage.

Sulfocyanure de potassium.   10 grammes.
Chlorure de platine   10   —
Eau distillée.   1000   —

Procédé américain.

On ajoute à une solution de chlorure de platine assez de cyanure de potassium, pour dissoudre le précipité qui s'était tout d'abord formé. La solution doit contenir 6,5 grammes de platine par litre. Le courant doit être modéré, sinon le platine se dépose en poudre noire.

On a proposé également une solution d'iodure double de platine et de potassium comme donnant d'assez bons résultats.

Quel que soit le système adopté, l'anode est en platine (*Traité théorique et pratique d'électrochimie*, par D. Tommasi).

Faudrait-il conclure de là qu'on peut à coup sûr remplacer le platine par du cuivre platiné dans ses diverses applications, la concentration de l'acide sulfurique par exemple ? Ce serait une erreur ; la nature même des dépôts galvaniques, qui ne sont que des réseaux à mailles plus ou moins serrées, rend à peu près impossible pratiquement cette application du platinage,

En revanche, les procédés que nous venons de décrire donnent d'excellents résultats pour la décoration des lustres, pendules, candélabres, etc., et ils sont aujourd'hui appliqués par un assez grand nombre d'industriels.

Extraction du platine des vieux bains de platinage.

On acidule les bains par de l'acide sulfurique et on y plonge une lame de fer. Le platine se dépose au fond du bain sous forme d'une poudre noire.

Argenture galvanique.

Voici l'une des plus importantes et des plus utiles applications de l'électrochimie.

Il est bien peu de familles qui n'aient maintenant leur service de table en orfévrerie argentée : c'est une économie bien comprise pour les gens riches. c'est une sorte de luxe utile et peu couteux pour les petites bourses. Cela a été si bien compris dans ces derniers temps. que l'orfévrerie d'argent massif a été remplacée dans de grandes maisons par l'orfévrerie argentée.

Examinons en quelques mots les avantages de celle-ci ; avantages qui tendent à l'introduire dans les palais et qui l'amèneront, nous l'espérons, jusque dans la chaumière du paysan.

Si on compare le prix de l'orfévrerie argentée à celui de l'orfévrerie massive, on arrive très approximativement aux résultats suivants, en supposant

qu'il s'agisse d'une bonne argenture galvanique,
soit 72 grammes par douzaine de couverts de table.

La somme nécessaire à la réargenture est sensiblement égale aux intérêts pendant un an du capital
immobilisé par l'orfèvrerie d'argent ; or la bonne
argenture galvanique peut durer au moins trois ans.
On a donc comme bénéfice : 1° de n'avoir pas immobilisé son capital ; 2° l'intérêt de ce capital pendant
deux ans sur trois.

Mais ce n'est pas tout, et des considérations d'un
autre ordre plaident aussi en faveur de l'argenture
galvanique ; l'une des principales est la tranquillité
d'esprit pour le propriétaire d'une quantité importante d'orfèvrerie. Quelle surveillance ne faudrait-
il pas aux maîtres d'hôtels, aux restaurateurs pour
ne point être victimes soit de la fraude, soit de la négligence. Rien de pareil maintenant, le voleur connaît assez l'aspect du *Ruolz* pour ne pas se voler lui-
même en le dérobant, et en tout cas, la perte serait
peu considérable.

A un point de vue plus général, on peut dire aussi,
que la masse énorme de capital immobilisée par l'orfèvrerie d'argent massif, pourra être utilement mise
en circulation et contribuer à la richesse du pays.

Rien que dans la fabrique Christofle, on précipite
annuellement plus de 6000 kg. d'argent par voie
électrolytique. De 1842 à 1881, on y a mis en œuvre
169000 kilogrammes d'argent, Bouilhet estime que
la quantité d'argent employée annuellement à l'ar-

genture pour Paris s'élève à 25000 kilogrammes ;
pour l'Europe et l'Amérique à 125000 kilogrammes.
ce qui correspond à une valeur d'environ 25 millions
de francs.

Depuis 1871, Christofle se sert d'une machine Gramme, qui, en faisant 300 tours par minute précipite
par heure 600 grammes d'argent dans quatre bains
en quantité. Les frais de production des enduits galvaniques ont notablement diminué par l'emploi des
machines Gramme. En effet, quand on se servait d'une
pile, le prix du courant nécessaire pour précipiter
un kilogramme d'argent, était de 3,87 fr. ; avec la
machine Gramme, si l'on tient compte des intérêts
et de l'amortissement du capital, la précipitation du
kilogramme d'argent ne revient qu'à 0,94 fr.

Loin de nuire au développement artistique, l'argen-,
ture le favorise en permettant d'exécuter à des prix
relativement très bas, des objets d'art que bien des
personnes hésiteraient à acquérir s'ils étaient en métal précieux.

Enfin, et c'est là, à notre sens, l'importance capitale
de l'argenture galvanique, combien de ménages mo-
destes n'avaient pour tous ustensiles de table et
de cuisine que des vases de cuivre et des couverts
d'étain ou de fer ; ils ont remplacé par de l'orfèvrerie
argentée ces ustensiles souvent dangereux, toujours
malpropres et d'un aspect désagréable.

Nous avons insisté un peu sur les avantages des
produits de l'argenture galvanique parce qu'ils sont

aujourd'hui l'objet d'une grande industrie qui touche en plusieurs points à l'économie domestique. C'est pour le même motif que nous allons décrire avec détail les opérations qui amènent à coup sûr à des résultats satisfaisants.

Tous les procédés industriels d'argenture galvanique aujourd'hui en usage reposent sur l'emploi du cyanure double d'argent et de potassium. Les formules varient légèrement, mais on opère toujours en dernière analyse dans un bain contenant du cyanure d'argent tenu en dissolution dans un excès de cyanure de potassium.

Sous l'influence du courant électrique, cette dissolution sera décomposée, et si l'on a placé un objet métallique au pôle négatif et une lame d'argent au pôle positif, l'argent provenant de la décomposition du cyanure d'argent se portera au pôle négatif et formera un dépôt métallique sur l'objet qui s'y trouve, pendant que le cyanogène se rendra au pôle positif et formera du cyanure d'argent aux dépens de l'anode. Le bain se trouvera donc théoriquement maintenu au même état de saturation ; en pratique, il n'en est pas tout à fait ainsi, pour divers motifs que nous signalerons plus tard.

Parmi les formules assez nombreuses et les diverses méthodes de préparer les bains d'argenture, nous n'en signalerons que deux, aussi remarquables par leur simplicité que par la perfection de leurs résultats : la première est indiquée par II. Bouilhet, la deuxième par Roseleur.

Pour obtenir 100 litres de bain, Bouilhet prend 2 kilogrammes d'argent vierge et les dissout dans 6 kilogrammes d'acide nitrique de façon à obtenir du nitrate d'argent fondu ; on dissout ce nitrate d'argent dans 25 litres d'eau et, d'autre part, on dissout 2 kilogrammes de cyanure de potassium dans 10 litres d'eau. On verse peu à peu la solution de cyanure dans la solution d'argent et on obtient un précipité de cyanure d'argent. On s'arrête aussitôt qu'il ne se forme plus de précipité et on décante. Le cyanure d'argent est lavé, puis dissous dans 2 kilogrammes de cyanure de potassium et on ajoute de l'eau de manière à former 100 litres.

Pour donner à ce liquide les qualités d'un vieux bain, Bouilhet conseille d'y ajouter 1 kilogramme de prussiate jaune de potasse.

La seule objection qu'on puisse faire à cette méthode, c'est qu'entre des mains inexpérimentées, et c'est le cas ordinaire des argenteurs, au moins en province, il peut arriver qu'on dépasse le poids voulu et qu'on verse un excès de cyanure de potassium. On perdrait alors une partie du cyanure d'argent qui resterait en dissolution dans cet excès de cyanure de potassium.

La méthode indiquée par Roseleur ne diffère guère de celle-ci que par l'emploi de l'acide cyanhydrique au lieu du cyanure pour la préparation du cyanure d'argent. Voici comment il procède :

Pour préparer 100 litres de bain, on prend 2500 grammes d'argent vierge,qu'on transforme en nitrate d'argent fondu ; on dissout ce nitrate d'argent dans 12 à 15 fois son poids d'eau distillée, et on verse dans cette dissolution de l'acide cyanhydrique jusqu'à ce que l'addition d'une nouvelle quantité de cet acide ne produise plus de précipité. On recueille sur un filtre et on lave le précipité de cyanure d'argent. D'autre part, on a mis en dissolution 5 kilogrammes de cyanure de potassium et on y fait dissoudre le cyanure d'argent qui forme, en se dissolvant, le cyanure double d'argent et de potassium et constitue le bain d'argenture. On donne à ce bain les qualités des vieux bains en le faisant bouillir pendant quelques heures.

Ce même bain peut être employé à chaud pour obtenir rapidement une argenture de moyenne épaisseur sur des objets de petite dimension. Les fabricants de boutons de métal l'emploient avec avantage pour ceux de leurs produits qui nécessitent une argenture plus épaisse que celle qu'on obtient au trempé.

Nous devons dire que la plupart des argenteurs ne prennent pas les précautions indiquées plus haut et se contentent de faire dissoudre dans du cyanure de potassium du nitrate ou du chlorure d'argent. Ils introduisent ainsi dans le bain du nitrate de potasse ou du chlorure de potassium ; de plus, ils se servent de la même méthode pour entretenir leurs bains, il arrive donc promptement que ceux-ci acquièrent une densité trop grande et se laissent difficilement traverser par le courant électrique. Quelle que soit la méthode employée pour la préparation du bain, voyons comment nous devons l'employer.

Le plus souvent, on se contente malheureusement d'opérer de la manière suivante :

On place le bain dans une cuve en bois doublé de gutta-percha ; sur les rebords de cette cuve, on dispose deux galeries en cuivre, isolées l'une de l'autre, et dont l'une porte les tringles à objets et l'autre les tringles à anodes : on fait communiquer le pôle positif d'une dynamo avec la galerie qui supporte les anodes, et l'autre galerie est reliée au pôle négatif.

Par cette méthode, on s'expose à de longs tâtonnements pour déposer un poids voulu d'argent et souvent à de graves erreurs ; il faut en effet, ou bien peser les couverts avant la mise au bain, puis les peser de nouveau lorsqu'on suppose le dépôt complet ; ou bien pour une pièce seule qu'on prend comme *montre* et d'après laquelle on induit le poids déposé sur les autres. Il est évident qu'il arrivera le plus souvent surtout aux personnes opérant en petit et qui n'ont pas une très grande habitude de ces opérations, de n'atteindre à peu près le poids désiré qu'après plusieurs tâtonnements, et d'être souvent obligées de désargenter, parce qu'elles auront dépassé le but ; d'autres, moins scrupuleuses, se contenteront d'une approximation insuffisante, lésant ainsi soit les intérêts de leurs clients, si elles se trompent en moins, soit, si ce sont des ouvriers et qu'ils se trompent en trop, les intérêts de leurs patrons.

Il y a donc un intérêt capital à pouvoir se rendre un compte exact du poids d'argent déposé, à pouvoir régler ce poids à l'avance, à suspendre sûrement le dépôt dès que le poids voulu est atteint. Toutes ces conditions sont réunies dans l'appareil très ingénieux imaginé par Brandely en 1845 et employé plus tard (1855) par Roseleur qui lui donna le nom de *balance argyrométrique*.

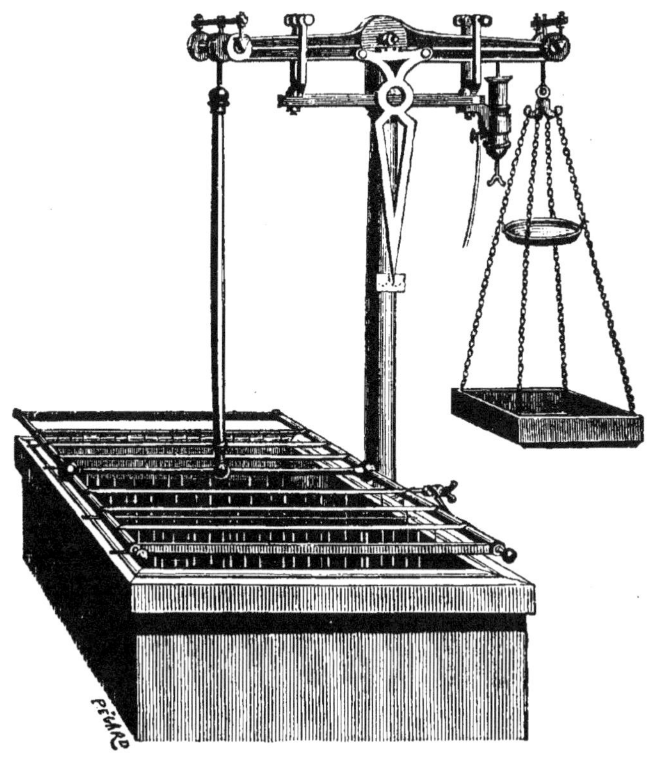

Fig. 41.

Cet appareil, représenté par la figure 41, se compose :

1° D'une cuve en bois, doublée à l'intérieur d'une feuille de gutta-percha, qui la rend parfaitement étanche et ne s'altère pas au contact du bain d'argent. Le rebord supérieur de cette cuve porte une galerie de laiton qui y est fixée par de petites pointes qui, traversant la gutta-percha, vont s'enfoncer dans le bois. Cette galerie porte à l'une de ses extrémités une presse en cuivre qui sert à attacher le conducteur positif de la pile ou de la dynamo. Cette galerie sert à maintenir dans le bain les anodes solubles d'argent qu'on y maintient à l'aide de fils de platine ;

2° D'une colonne de fonte qui s'adapte à l'une des parois de la cuve, au moyen d'un empatement muni de fortes vis. Cette colonne porte horizontalement et à sa partie supérieure deux bras en fonte, munis à leurs extrémités de deux enfourchements verticaux qui peuvent s'ouvrir ou se fermer par des clavettes de fer. Ces deux fourchettes sont destinées à maintenir le fléau et à empêcher que de trop fortes oscillations ne fassent sortir les couteaux de leurs cuvettes.

Au centre des deux bras que porte la colonne, sont adaptées deux cuvettes en acier poli, creusées en coin et destinées à recevoir les couteaux du fléau.

L'un des bras de la colonne porte à son extrémité un anneau horizontal en fer dans lequel se trouve serré un fort tube de cristal, lequel sert de gaîne tout en l'isolant de la colonne, à un godet en fer poli, fig.

42 : ce godet porte à sa partie inférieure une petite poche en peau d'agneau, de chevreau ou même de caoutchouc qui en ferme le fond. Ce fond est donc relativement mobile et monte ou descend au moyen d'une vis de pression placée immédiatement au-dessous, et maintenue par un petit étrier. Ce fond mobile a pour but de permettre d'abaisser ou d'élever, suivant le besoin, le niveau de mercure que nous introduirons plus tard dans le godet de fer. Ce godet porte encore latéralement une autre vis de pression en laiton, qui sert à le faire communiquer

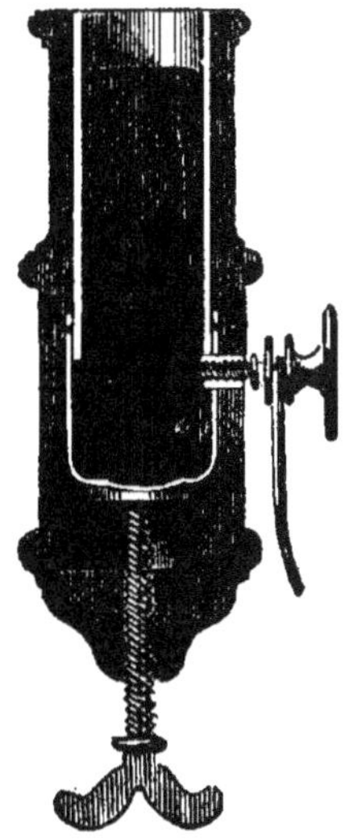

Fig. 42.

avec le conducteur négatif de la batterie voltaïque qui doit décomposer la liqueur argentifère.

3º D'un fléau en fonte portant à son centre deux couteaux très aigus en acier poli de la meilleure trempe, et à chacune de ses extrémités, deux cuvettes parallèles séparées par une encoche, également creusées dans l'acier, et destinées à recevoir les couteaux du plateau à poids et ceux du cadre à suspendre les objets à argenter. L'un des bras de ce fléau est aussi muni d'une tige de platine qui se trouve placée immédiatement au-dessus du godet d'acier isolé dans le tube de cristal que porte l'anneau du bras de la colonne. Suivant que le fléau incline d'un côté ou de l'autre, cette tige de platine pénètre dans le godet ou en sort.

4° Du plateau à poids, qui se compose d'une platine armée de deux couteaux d'acier fondu, entre lesquels est une tige qui soutient quatre chaînettes, lesquelles se relient à leur extrémité à une boîte en bois destinée à recevoir la tare, et supportent, au tiers environ de leur longueur, une petite assiette en tôle sur laquelle on déposera les poids qui doivent représenter l'argent à appliquer galvaniquement.

5° Du porte-objet, fort tube en laiton, terminé à son extrémité supérieure par une platine à tige, munie de deux couteaux en acier fondu, et à son extrémité inférieure par un cadre en laiton qui a les mêmes dimensions que l'orifice de la cuve, et sur lequel viendront s'appuyer les tringles chargées d'objets à argenter.

6° Enfin, d'un nombre plus ou moins grand de tringles à suspension. Ces tringles sont en laiton, aplaties et creusées à leurs deux extrémités, pour empêcher le roulement et faciliter les contacts. Les fils en cuivre rouge qu'elles portent en râtelier y sont soudés à l'étain dans des trous préparés à l'avance. Ces fils sont tournés à leur extrémité d'une façon commode pour la suspension du couvert qui peut facilement entrer ou sortir de l'espèce de crochet terminal. Dans leur partie droite et dans toute la longueur qui doit plonger la solution argentique, ces fils sont engaînés dans un petit tube de caoutchouc qui a pour but d'empêcher l'argent du bain de se déposer là où il serait inutile, et aussi de permettre, en le relevant à volonté à la partie supérieure de la tige, de désargenter aux acides les parties de crochets qu'on n'a pas pu se dispenser d'argenter en même temps que les couverts.

Les divers organes de l'appareil étant décrits, nous devons maintenant indiquer les précautions à prendre pour leur mise en place, car du bon montage dépend la précision de l'instrument et l'exactitude des opérations.

On commence par disposer la cuve sur quatre briques placées à chacun des angles, pour que, l'air circulant librement, le fond de bois ne puisse se pourrir ; puis, avec le niveau d'eau, on s'assurera de la parfaite horizontalité de cette cuve.

On vissera ensuite la colonne montante et, avec le fil à plomb, on s'assurera qu'elle est parfaitement verticale. Puis, retirant les deux clavettes des fourchettes de la colonne, on placera le fléau avec la plus grande précaution pour éviter d'ébrécher les couteaux qui doivent reposer dans le fond des cuvettes du centre de la colonne, on refermera les fourchettes avec leurs clavettes ; dans cet état, le fléau doit osciller très librement sur les couteaux, sans rencontrer aucun point de frottement.

On placera ensuite le cadre à objets dont les deux couteaux entrent dans deux des cuvettes d'une extrêmité du fléau, celle placée au-dessus de la cuve.

Enfin, on placera à l'autre extrémité du fléau le plateau à poids, en prenant pour les couteaux les mêmes précautions.

On versera avec précaution un peu de mercure dans les six cuvettes où reposent les couteaux, jusqu'à ce que la partie polie de ces derniers soit recouverte. Ce mercure présente les avantages suivants :

1° Il s'oppose à l'action corrosive et oxydante de l'air humide ou des vapeurs acides de l'atelier sur l'acier poli des couteaux et des cuvettes.

2° Il rend les frottements beaucoup plus doux et assure l'exactitude des pesées.

3° Il augmente considérablement les surfaces de contact pour le passage du courant électrique qui, sans lui, serait forcé de circuler par le tranchant des couteaux.

4° Il empêche que l'électricité, en traversant la partie aiguë des couteaux, ne détrempe, en l'échauffant outre mesure, l'acier dont ils sont composés.

Ensuite, on verse dans le godet d'acier, isolé de la colonne par le tube de cristal, assez de mercure pour que le fil de platine que porte le fléau vienne exactement affleurer ce mercure lorsque l'équilibre de la balance est parfait, c'est-à-dire, lorsque l'aiguille est exactement sur le zéro du cadran ; la surface du mercure de ce godet doit être nettoyée de temps en temps pour éviter que la poussière ne puisse interrompre le passage de l'électricité ; la petite poche du fond sert à hausser ou à baisser le niveau de ce mercure pour le maintenir toujours à une hauteur convenable.

1° On emplit jusqu'à quelques centimètres du bord de la cuve avec le bain d'argent.

2° On accroche les anodes sur leurs tringles respectives qui reposent toutes sur la galerie clouée sur le bord de la cuve, de sorte que cette dernière, étant reliée par la vis de pression au pôle positif de la pile ou de la dynamo, tout le système y communique également.

Les anodes d'argent doivent être entièrement plongées dans le liquide, sans quoi elles se couperaient au niveau de ce dernier qui est, au contraire, sans action sur les fils de platine qui servent à les suspendre. On dispose les anodes parallèlement à des distances égales, de manière qu'une anode tapisse chacune des parois opposées de la cuve, et que les autres laissent entre elles un espace suffisant pour contenir très librement deux tringles chargées de couverts, c'est-à-dire 20 à 25 centimètres environ.

3° On place transversalement sur la cuve et à ses deux extrémités deux règles de bois sur lesquelles vient s'appuyer le cadre porte-objets, qui se trouve ainsi isolé de la galerie des anodes, et sur lequel on dispose toutes les tringles chargées de couverts, de manière à avoir deux tringles entre chaque case formée par deux anodes, en ayant bien soin d'égaliser à droite et à gauche les distances entre les couverts et les anodes.

Il est bien entendu qu'avant leur mise au bain, les couverts auront été parfaitement préparés, décapés et mercurés.

On met dans le plateau de bois placé à l'autre extrémité du fléau, des poids quelconques, de la grenaille de plomb, par exemple, jusqu'à ce que l'équilibre soit parfaitement établi et que l'aiguille s'arrête sur le milieu du cadran, et on enlève les deux planchettes qui empêchaient le cadre porte-objets de reposer sur la cuve.

On rompt ensuite l'équilibre en plaçant, sur la petite assiette de tôle prise entre les chaînes, un poids égal à celui de l'argent qu'on veut déposer sur la totalité des couverts. Par la rupture de l'équilibre, la tige de platine placée sous le bras du fléau pénètre dans le mercure du godet en acier, et il suffit alors de relier le générateur d'électricité à l'appareil par les deux fils conducteurs qu'on serre sous les deux presses du godet et de la galerie à anodes, pour que l'opération marche plus régulièrement.

Il va de soi que lorsque les couverts auront pris au bain une quantité d'argent égale aux poids placés sur la petite assiette de tôle, à l'autre extrémité du fléau, l'équilibre sera rétabli, l'aiguille sera revenue au zéro du cadran, et la tige de platine sortant du mercure du godet aura interrompu l'action du courant galvanique et arrêté le dépôt d'argent, comme si on avait coupé le fil conducteur de la batterie.

L'opération sera ainsi sûrement terminée, sans surveillance ni contrôle ; il y a mieux : les résultats n'en seront pas modifiés quelle que soit la durée d'immersion des objets terminés, ainsi que cela aurait lieu dans les conditions ordinaires ; car, d'une part, les couverts ne pourront pas recevoir un excès de charge, puisque le courant est interrompu ; et d'autre part, si le bain venait à redissoudre une partie de l'argent déposé, les couverts étant plus légers, l'équilibre se romprait de nouveau ; le fil de platine rentrerait dans le godet à mercure, et le courant galvanique reprendrait sa marche et son action : il en résulterait ainsi une série d'hésitations entre le dépôt galvanique et la dissolution par le cyanure, qui maintiendraient l'équilibre et par conséquent la charge prédestinée dans leur état normal.

La fig. 43 représente un appareil à balance de petite dimension, à l'aide duquel on peut argenter à la fois six couverts.

Il porte une petite sonnerie qui sert à avertir l'opérateur et que l'aiguille de l'appareil met en mouvement.

Il se conçoit, d'après ce qui précède, qu'on ne tient pas compte d'une cause d'erreur assez importante, l'accroissement de volume des objets par le dépôt d'argent. Si l'on dépose 1 kg. d'argent sur des couverts, ceux-ci auront pris un accroissement de

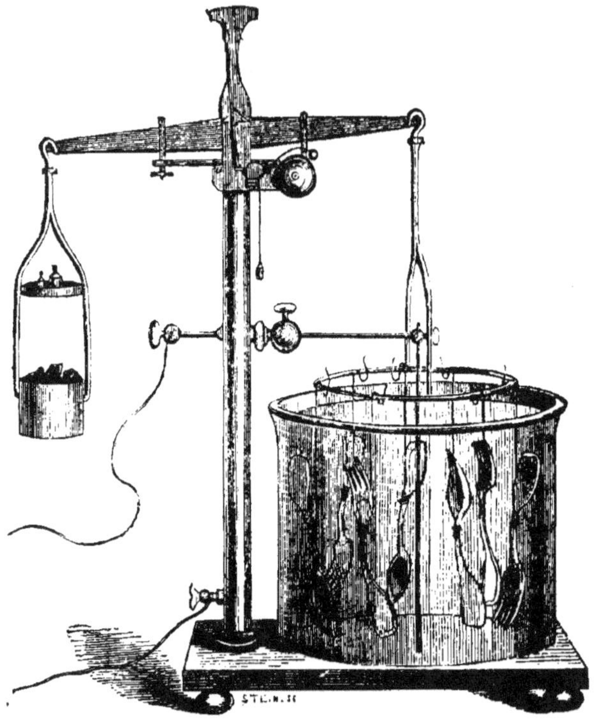

Fig. 43.

volume d'environ 1/10 de décimètre cube, soit 100 centimètres cubes, et par suite perdront, d'après le principe d'Archimède, une partie de leur poids égale à 100 centimètres cubes du bain. La balance ne sera donc mise en équilibre que lorsque les couverts auront reçu non pas seulement 1 kg. mais 1 kg.+ un poids de 100 centimètres cubes de liquide.

Cette erreur est compensée par une autre erreur en sens contraire, ce qui permet de ne tenir compte ni de l'une ni de l'autre. En effet, on ne dépose pas de l'argent seulement sur les couverts, mais aussi sur les crochets qui les soutiennent. Pour que ce résultat fût complètement exact, il faudrait *que le rapport entre la surface des crochets et la surface des couverts fût égale au rapport entre le poids spécifique du liquide du bain et le poids spécifique de l'argent.* C'est ce qui a sensiblement lieu dans la pratique. Toutefois, on concevra que l'exactitude n'est pas absolue puisque le bain change de densité et que les crochets changent de surface par suite du dépôt d'argent. Dans tous les cas, on se rapprochera le plus possible de la vérité en désargentant souvent les crochets et en maintenant le bain au même degré aréométrique ; malgré ces observations, hâtons-nous de dire que l'appareil tel qu'il est employé en industrie donne une exactitude plus que suffisante et doit être recommandé, tant dans l'intérêt des argenteurs que dans celui du public.

Que l'on emploie la balance argyrométrique ou qu'on se contente d'opérer par la méthode ordinaire, voici la série des opérations qu'on devra faire subir à une pièce pour la recouvrir d'une couche solide, épaisse et adhérente :

1° Dégraisser à la potasse bouillante ; — 2° Dérocher

à l'acide sulfurique étendu d'eau ; — 3° Passer à la vieille eau forte et rincer ; — 4° Passer à l'eau forte vive et rincer ; — 5° Passer aux acides composés à brillanter et rincer ; — 6° Passer au nitrate de mercure et rincer ; — 7° Mettre au bain pendant un quart d'heure ; — 8° Gratte-bosser et remettre au bain (1).

Pour faciliter le décapage des couverts on se sert d'un petit instrument en gutta-percha nommé décape-couvert et représenté fig. 44. Un seul mouvement suffit pour détacher tous les couverts à la fois, et on décape le couvert d'un seul coup sans avoir à craindre de points de contact des couverts entre eux.

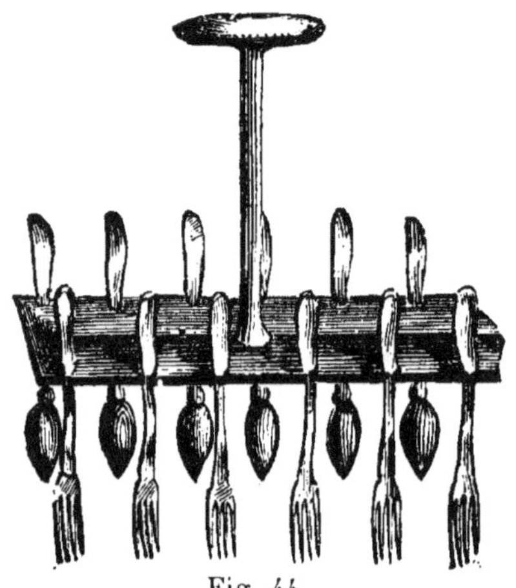

Fig. 44.

Le dépôt s'effectue avec d'autant plus de finesse et

(1) Voir, pour le détail de ces opérations, l'article *Décapages*, p. 4.

de régularité que le courant est moins actif. Il faut environ 6 heures pour déposer 72 grammes d'argent de bonne qualité sur une douzaine de couverts de table. Bouilhet donne les chiffres suivants que sa grande expérience nous permet d'accepter et de reproduire sans contrôle.

Pour un bain de 600 litres il convient d'employer 4 éléments Bunsen de 25 cm. sur 40 cm. et on obtiendra en 4 heures 450 grammes d'argent déposé. Dans les mêmes conditions une machine Gramme déposerait de 600 g. à un kg. à l'heure avec une force d'un cheval environ. On se souvient que le bain dont il s'agit contient 2 kg. d'argent pour 100 litres. Au sortir du bain les pièces sont, si besoin est, gratte-bossées et brunies. Nous avons déjà parlé de la première opération : quand au brunissage il se fait à l'aide d'outils en acier ou en sanguine de diverses formes suivant les surfaces et qui s'emploie au tour ou à la main. On mouille les brunissoirs avec une dissolution de savon, ou une décoction de réglisse.

On est souvent exposé, soit à cause d'un mauvais décapage, soit à cause de l'état du bain ou pour d'autres motifs, à obtenir une argenture imparfaite, et on se trouve dans la nécessité de désargenter les pièces tout en conservant intact le métal sous-jacent. On y arrive aisément, suivant Plazanet à l'aide du mélange suivant :

Acide sulfurique. . . . 10 litres.

Acide nitrique, ... 1 litre.

On opère plus rapidement à chaud.

Il faut avoir soin de tenir le liquide à l'abri de l'air et de le renouveler assez fréquemment. Lorsqu'il est ancien et qu'il a absorbé l'humidité de l'air en grande quantité, il attaque le cuivre. Il est bon aussi de prendre la précaution de chauffer légèrement les objets qu'on veut désargenter et en tout cas de les sécher complètement.

Avec ces précautions le cuivre est totalement préservé.

Il sera utile pendant la durée de l'opération d'argenture de retourner les objets de bas en haut, parce que la densité du bain est plus grande au fond qu'à la surface et le dépôt y est plus abondant.

Il est important d'observer de temps en temps l'aspect des anodes ; pendant l'opération elles doivent être grises et redevenir blanches si on les laisse plongées dans le bain sans faire passer le courant. Si elles restent grises ou noirâtres, cela indique que le bain ne contient pas assez de cyanure ; si au contraire elles restent blanches pendant l'argenture, le bain est trop riche en cyanure ou ce qui revient au même trop pauvre en argent.

On remarque quelquefois à la surface des objets des stries dues le plus souvent à de petits courants ascendants et descendants. Ces courants viennent de ce que les parties du bain en contact avec les objets deviennent moins denses en abandonnant leur argent et forment un courant ascendant ; d'autre part le cya-

nogène forme sur l'anode du cyanure d'argent qui se
dissout dans le liquide en contact et rend sa densité
plus grande que celle de la masse du liquide qui l'en-
vironne, d'où courant descendant. Pour éviter cet
inconvénient on agite de temps en temps les objets,
ou mieux on leur imprime un mouvement de va-et-
vient en suspendant les objets et en imprimant au
cadre qui les porte un petit mouvement à l'aide d'un
excentrique. Cette disposition est indiquée dans la
fig. 45.

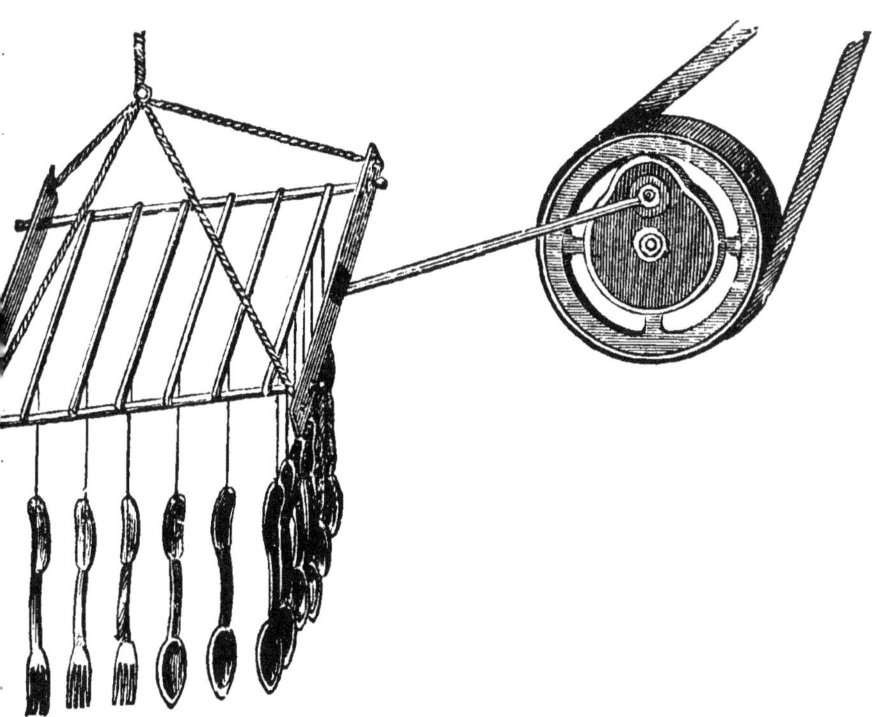

Fig. 45.

Il arrive assez fréquemment qu'il se dépose du sous-cyanure d'argent en même temps que de l'argent métallique. Ce sous-cyanure noircissant rapidement à la lumière, l'argenture devient jaune comme si elle avait été exposée à des émanations sulfhydriques.

Deux moyens sont employés pour prévenir ce résultat ; l'un consiste simplement à laisser les pièces au sortir du bain dans une solution chaude de cyanure de potassium ; l'autre, consiste à barbouiller la pièce d'une bouillie claire de borax et à la chauffer légèrement, puis à la plonger dans de l'acide sulfurique étendu d'eau.

C'est aussi, à l'aide d'une dissolution de cyanure de potassium, qu'on rend leur blancheur aux pièces en argent ou argentées, et ce corps est la base des préparations liquides ou en poudre qu'on vend au public sous des noms plus ou moins fallacieux.

Entretien et régénération des bains d'argenture.

La quantité d'argent déposée est presque toujours plus grande que celle qui est abandonnée par les anodes, il faut donc remettre dans le bain un peu de sel d'argent. Nous conseillons d'employer le cyanure d'argent dissous dans son poids de **cyanure de potassium**. De plus à la longue les bains se décomposent, il s'y forme une grande quantité de carbonate de potasse et d'ammoniaque. On peut remettre le bain en état, soit en employant le cyanure de calcium qui précipite du carbonate de chaux et forme du cyanure de potassium, soit en ajoutant de l'acide cyanhydrique qui chasse l'acide carbonique et reforme du cyanure de potassium. Nous préférons ce dernier moyen parce que le carbonate de chaux produit par le cyanure de calcium n'est pas complètement insoluble dans le bain, et aussi parce que le cyanure de calcium lui-même, si on en met en excès, ne donne que des résultats très médiocres.

L'argent déposé par ces procédés est ordinairement mat.

De Plazanet n'a obtenu que des résultats incomplets en essayant d'obtenir de l'argenture brillante d'après le procédé indiqué par H. Bouilhet, mais cet insuccès était peut-être dû à des circonstances spéciales ; nous n'en citerons pas moins le procédé.

La meilleure manière d'employer ce réactif, est de mettre dans un flacon bien bouché 10 grammes de sulfure de carbone avec 10 litres de bain et de les laisser 24 heures en contact ; au bout de ce temps il se forme un précipité noirâtre et la solution est bonne à employer. Avant chaque opération d'argenture, on verse 1 centimètre cube de cette liqueur par litre de bain.

Pour terminer ce que nous avons à dire sur l'argenture galvanique, il ne nous reste plus qu'à signaler aux argenteurs un écueil assez fréquent, c'est la mauvaise qualité du cyanure de potassium. Rien n'est plus variable que la richesse de ce produit en cyanure réel. On trouve dans le commerce, désignés sous le même nom, des produits qui ne contiennent pas plus de 30 pour cent de cyanure réel et d'autres qui sont presque chimiquement purs. C'est toujours de ces derniers que nous avons entendu parler dans ce que nous avons dit de la dorure et de l'argenture, et nous allons donner un moyen qui permet de reconnaître en quelques secondes, avec une approximation plus que suffisante en pratique, la quantité de cyanure réel qui se trouve dans le cyanure du commerce.

On sait que si l'on verse une solution de nitrate d'argent dans une solution de cyanure de potassium, il se forme d'abord un précipité blanc de cyanure d'argent, mais que ce précipité se redissout aisément par l'agitation tant qu'il reste du cyanure de potassium dans la liqueur, en formant un cyanure double de potassium et d'argent soluble dans l'eau. Le précipité ne deviendra persistant que lorsque tout le cyanure de potassium préexistant dans la liqueur aura été employé à faire du cyanure double.

Or, on a constaté par expérience que 1 gramme de cyanure de potassium le plus pur possible, peut dissoudre 1,38 g. de nitrate d'argent fondu avant que le précipité de cyanure d'argent devienne persistant.

Ceci posé, rien de plus simple que les essais de cyanure.

On commence par faire une liqueur titrée qui contienne 1,38 g. de nitrate d'argent par 100 centimètres cubes, on pèse 1 gramme de cyanure à essayer et on le met en dissolution dans l'eau distillée.

A l'aide d'une pipette graduée, on mesure 100 centimètres cubes de la liqueur titrée et on verse peu à peu cette liqueur dans le cyanure de potassium en ayant soin d'agiter. Lorsque le précipité se redissout difficilement, on verse avec plus de précaution et goutte à goutte, et on s'arrête aussitôt qu'une goutte de liqueur produit un précipité qui ne se redissout pas malgré l'agitation.

Il suffit alors de lire sur la pipette graduée le nombre de centimètres cubes employés pour se rendre compte de la richesse du cyanure. Si on a employé les 100 divisions, le cyanure est parfait, on le dit à 100° ; si on a employé 50 divisions on saura qu'il faut employer deux fois plus de cyanure pour produire le même résultat.

Il existe d'autres méthodes plus scientifiques pour l'essai du cyanure, mais celle-ci basée sur des données expérimentales et d'une extrême simplicité nous a paru la meilleure pour les praticiens qui, en somme, n'ont besoin que de se rendre compte par comparaison de la valeur respective des cyanures.

On rencontre trois sortes principales de cyanures de potassium dans le commerce, et dont voici les richesses respectives : 1° Cyanure de potassium pur 95° à 100°, employé pour les bains de dorure et d'argenture; 2° Cyanure à 70°, employé pour bains de cuivrage et de laitonisage; 3° Cyanure à 50° employé en photographie pour enlever les taches de nitrate d'argent.

Ce dernier doit être absolument proscrit des bains galvaniques qu'il rend promptement trop denses en y introduisant une énorme quantité de carbonate de potasse.

Force électromotrice du courant. — Elle doit être de 2 à 3 volts.

Intensité du courant. — 50 ampères par mètre carré de surface.

Quantité d'argent à déposer.— Pour un bain renfermant 30 g. d'argent par litre, on indique comme moyenne, un depôt de 2 g. par heure et par décimètre carré.

Surface des anodes. — Elle doit être à peu près égale à la surface totale des pièces à argenter.

Distance entre les anodes et les pièces à argenter. — 10 cm. environ.

Nature des anodes. — Argent pur.

Température du bain. — On opère généralement à la température ordinaire. Cependant pour les pièces de petites dimensions, il est préférable d'opérer à chaud. Il en est de même des objets en acier, en fer, en zinc, en plomb et en étain préalablement cuivrés.

Conduite de l'opération. — Après un quart d'heure on retire les pièces du bain, on les brosse avec du tartre, on les rince, on les plonge dans une solution de cyanure de potassium et on les lave à l'eau.

Les pièces sont remises dans le bain d'argenture, où on les laisse 4 heures si le courant est fourni par une dynamo et 10 heures si le courant est produit par une pile.

Lorsqu'on doit retirer les pièces du bain, il faut d'abord interrompre le courant.

L'opération marche bien lorsque les anodes *grisonnent* pendant que le courant traverse le bain et *reblanchissent* lorsque le courant est interrompu.

Si les anodes *noircissent*, ajouter du cyanure de potassium ; si elles *blanchissent*, ajouter du cyanure d'argent jusqu'à ce que celui-ci ne se dissolve plus.

Les pièces retirées du bain sont passées à l'eau, puis à l'acide sulfurique étendu et finalement encore à l'eau.

Les pièces argentées, après avoir été séchées dans de la sciure de bois de sapin, sont bien brossées, puis polies au tripoli et enfin brunies, s'il y a lieu.

Argenture de la fonte, du fer et de l'acier.

On plonge ces métaux dans une solution de cyanure double de cuivre et de potassium et on les soumet à l'action du courant.

Les objets sont ensuite argentés par les procédés précédemment décrits.

Pour *argenter la fonte* Boettger a indiqué le procédé suivant:

La fonte à argenter doit être parfaitement décapée, immédiatement avant l'argenture, avec de l'acide azotique de densité 1,2.

On prépare d'autre part le mélange suivant:

> Azotate d'argent. . . . . 150 grammes.
>
> Cyanure de potassium. . 300　　—
>
> Eau . . . . 2400　　—

On étend le tout de trois fois son volume d'eau additionnée de 15 g. de chlorure de sodium on y plonge les objets à argenter et on soumet le bain à l'action du courant.

Pour *argenter l'acier*, Desbordeaux recommande le procédé suivant:

On plonge pendant quelques instants l'acier dans une solution composée de:

> Azotate d'argent . . . . 10 grammes.
>
> Azotate de mercure (1). . . . 10　　—
>
> Acide azotique à 40º Baumé. 40　　—
>
> Eau distillée . . . . 1200　　—

Lorsque l'acier a été plongé dans la solution d'azotate double de mercure et d'argent, il se recouvre presque constamment d'un léger dépôt noirâtre qui s'enlève avec facilité en passant un linge à sa surface.

(1) On obtient dans la préparation de ce bain un précipité jaune verdâtre de sous azotate de mercure qu'il ne faut pas rejeter.

L'acier se trouve alors décapé et revêtu en même temps d'une couche mince très adhérente d'argent. Dans cet état il est prêt à être argenté par voie galvanique.

Pour *argenter* les objets en *métal Bessemer*, G. Sartori a proposé le procédé suivant (1):

On commence par enlever toutes les traces de graisse, au moyen d'une lessive chaude, puis on attaque légèrement par l'acide chlorhydrique dilué et on frotte avec du sable fin.

On verse ensuite dans l'eau acidulée par l'acide chlorhydrique une solution de nitrate de mercure jusqu'à ce qu'une bande de cuivre, bien propre, plongée dans ce liquide, se recouvre d'un enduit blanc. Mais, comme le fer ne s'amalgame pas comme d'autres métaux par simple immersion, on le relie au pôle zinc d'une pile Bunsen et on le plonge ensuite dans la solution de mercure en se servant, comme anode, d'une plaque de charbon ou de platine reliée à l'électrode charbon. Le métal Bessemer est bientôt recouvert de mercure. On le retire, on le lave bien et on le plonge dans une solution d'argent. Quand l'objet est retiré du bain, on le lave; on le chauffe sur un feu de charbon, dans une cheminée qui tire bien, jusqu'à ce que l'objet argenté, touché avec les doigts humides fasse entendre un sifflement perceptible ; puis

(1) L'Électrolyse et l'électrométallurgie par E. Japing.

on le laisse refroidir, on le gratte bien, et on le polit s'il est nécessaire.

Quant on veut économiser l'argent, on commence par déposer sur l'objet en métal Bessemer, par voie électrolytique, une couche d'étain chimiquement pur. A cet effet on dissout 1 partie de crème de tartre dans 8 parties d'eau bouillante, et on relie une ou plusieurs anodes d'étain au pôle charbon d'un élément Bunsen ; on suspend au pôle zinc un morceau de cuivre décapé et on fait marcher la pile jusqu'à ce qu'il se soit déposé assez d'étain sur le cuivre. On remplace alors la lame de cuivre par l'objet en métal Bessemer, et lorsqu'il est recouvert d'étain chimiquement pur, on l'argente par les procédés ordinaires.

Désargenture.

On peut désargenter à froid ou à chaud.

1º *Désargenture à froid.* — Les objets sont plongés dans le mélange suivant :

Acide sulfurique concentré à 66º . 1000 cm³
Acide azotique concentré à 40º . . 100 cm³

Ce mélange, lorsqu'il ne renferme pas d'eau, dissout, paraît-il, seulement l'argent et n'a pas d'action sensible sur les autres métaux et leurs alliages.

2º *Désargenture à chaud.* — Les objets sont plongés dans l'acide sulfurique concentré chauffé entre

150° et 200° auquel on ajoute de temps en temps un peu de nitrate de potassium desséché.

D'après Roseleur, ces deux méthodes ne conviennent guère à la désargenture du fer, du zinc, du plomb ou de la fonte, et il est préférable pour ces derniers d'avoir recours à l'intervention du courant dans un bain de cyanure.

Extraction de l'argent des vieux bains.

(A) — *Le bain ne contient pas de cyanure.*

(*a*) On précipite par le chlorure de sodium, et le chlorure d'argent qui en résulte est réduit par le fer ou le zinc et l'acide sulfurique dilué.

(*b*) On précipite par le chlorure, et le chlorure d'argent qui en résulte est recueilli sur un filtre, lavé, puis séché à 100° et finalement chauffé dans un creuset au rouge en présence de 4 fois son poids de carbonate de sodium cristallisé et la moitié de son poids de charbon en poudre.

(B) — *Le bain renferme du cyanure.*

On évapore la liqueur à siccité et l'on calcine le résidu au rouge blanc en présence d'un peu de borax ou d'azotate de potassium.

Cuivrage galvanique.

Le cuivrage galvanique s'emploie soit pour donner aux métaux pauvres, fer, fonte, zinc, étain, l'aspect du cuivre ou du bronze, soit pour les préparer à recevoir un dépôt d'un métal plus riche, or, argent ou platine. L'adhérence de ces derniers métaux est en effet bien plus complète grâce à l'interposition de cette couche de cuivre, et souvent même il serait absolument impossible de se dispenser du cuivrage.

Enfin, le cuivrage galvanique sert encore de préparation aux pièces qui doivent recevoir un épais dépôt de cuivre dans le bain acide de galvanoplastie. Si on portait dans ce dernier bain des objets en fer, fonte ou zinc sans les préserver d'abord par une couche de cuivre galvanique, ils seraient attaqués par le liquide du bain et ne donneraient lieu qu'à une réduction du sel de cuivre à l'état de boue métallique.

Les bains de cuivrage s'emploient le plus souvent à froid et se disposent comme les bains de dorure et d'argenture. Les menus objets se cuivrent dans une passoire, disposée comme l'indique la fig. 3, p. 6. On peut employer plusieurs formules. Nous citerons les deux suivantes, dont nous préférons la seconde, qui donne un bain fonctionnant bien dès le début:

Première formule.

Carbonate de cuivre (récem. prép.).   1 kg.
Cyanure de potassium à 70°. . . . . .   3 —
Eau . . . .   25 —

On prépare soi-même le carbonate de cuivre, en précipitant par du carbonate de soude une dissolution de sulfate de cuivre, filtrant et lavant le précipité.

Deuxième formule.

Acétate de cuivre. . . .   500 grammes.
Carbonate de soude. . .   500   —
Sulfite de soude.   500   —
Cyanure de potassium.   750   —
Eau. . . . .   15 litres,

Ce bain s'emploie à froid ou à chaud sur tous les métaux usuels et avec une anode en cuivre rouge.

Les formules suivantes (1) ont été indiquées par Roseleur pour les bains destinés au *cuivrage du zinc*; on doit prendre l'une ou l'autre de ces deux compositions, suivant que les pièces sont de grandes ou de petites dimensions.

	Gros. pièc.	Pet. pièc.
Eau	25 lit.	25 lit.
Bisulfite de soude.	300 g.	100 g.
Cyanure de potassium, . .	500 »	700 »
Acétate de cuivre	350 »	450 »
Ammoniaque	200 »	150 »

(1) *Traité théorique et pratique d'électrochimie,* par D. Tommasi.

Watt a proposé pour cuivrer le zinc, l'emploi d'une solution de sulfate de cuivre ammoniacal additionnée d'un léger excès de cyanure de potassium (la liqueur de bleue qu'elle était doit devenir incolore). On opère entre 50 et 55°.

Pour cuivrer le *fer* et l'*acier*, on emploie l'un des deux bains suivants, selon que l'on opère à froid ou à chaud (Roseleur).

	Bain fonctionnant à froid	Bain fonctionnant à chaud
Bisulfite de sodium. . .	500 gram.	200 gram.
Cyanure de potassium.	500 —	700 —
Carbonate de sodium. .	1000 —	500 —
Acétate de cuivre . . .	475 —	500 —
Ammoniaque.	350 —	300 —
Eau ordinaire	25 litres.	25 litres.

Pour cuivrer la *fonte* et le *fer* on se sert d'une solution d'oxalate de cuivre ammoniacal (Gauduin)

Lorsque les objets se sont recouverts d'une couche assez épaisse de cuivre pour ne plus craindre l'action de l'acide sulfurique, on termine le cuivrage dans un bain composé d'une solution saturée de sulfate de cuivre additionnée de 10 pour cent d'acide sulfurique.

Dans tous les bains de cuivrage on se sert d'une anode de cuivre rouge.

Laitonisage galvanique.

On produit des *dépôts de laiton* sur le fer et

d'avantage encore sur le zinc. Les pieds de lampe, en zinc fondu, recouverts d'une mince couche de laiton, ont véritablement l'aspect du bronze. On opère avec le bain que voici :

    Cabonate de cuivre (récem. précip.).   100   gram.
    Carbonate de zinc (récem. précip.).   100   —
    Carbonate de sodium   200   —
    Cyanure de potassium pur.   200   —
    Bisulfite de sodium   200   —
    Acide arsénieux.   2   —
    Eau ordinaire   10   litres

On emploie des anodes en laiton.

Si le dépôt est trop *rouge*, on ajoute un peu de cyanure double de zinc et de potassium.

Si le dépôt est trop *blanc*, on ajoute un peu de cyanure double de cuivre et de potassium.

On peut encore si la couleur du dépôt est trop *rouge*, remplacer momentanément l'anode en laiton par une anode en zinc, que l'on laisse jusqu'à ce que l'on ait obtenu la couleur voulue. Quand, au contraire, la couleur est trop *claire*, on emploie pendant quelque temps une anode en cuivre rouge.

Heeren recommande le bain suivant.

(a) { Sulfate de cuivre . . . . 1 partie
      { Eau. . . . . 4 parties

(b) { Sulfate de zinc 8   —
      { Eau. 16   —

(c) { Cyanure de potassium. 16   —
      { Eau. . . . . , . . . 36   —

Mêler ces trois solutions et ajouter 250 parties d'eau. Dans le cas où il se formerait un précipité, ajouter du cyanure de potassium jusqu'à ce que le liquide soit devenu limpide. On opère à chaud avec une anode en laiton.

Le laitonisage exige une attention spéciale, car l'inensité du courant exerce également une grande influence sur la couleur du précipité. Un courant fort donne une couleur pâle, un courant faible une couleur foncée ; il faut donc recommander l'emploi d'un régulateur de courant.

Hess prétend que les bains, dont la formule suit, sont exempts des inconvénients des *anciens bains*, lesquels, quand le courant est trop fort, ne donnent qu'un dépôt de zinc gris, quand le courant est trop faible, un dépôt rosé fauve, dans le cas le plus favorable un dépôt jaune paille, sans éclat. Voici cette formule :

Bicarbonate de sodium. . 84 grammes.
Chlorure d'ammonium . . 54   —
Cyanure de potassium . . 13   —

On prend pour anode une feuille de laiton qui recouvre complètement les parois du vase dans lequel est le bain ; on suspend dans ce bain un morceau de laiton, qui fait fonction de cathode, et on laisse le courant circuler pendant une heure. Un bain ainsi préparé dissout, à ce qu'il paraît, tous les alliages qui s'y trouvent, de sorte qu'on peut former des enduits de tous les alliages possibles, avec la couleur spéciale à chacun de ces alliages.

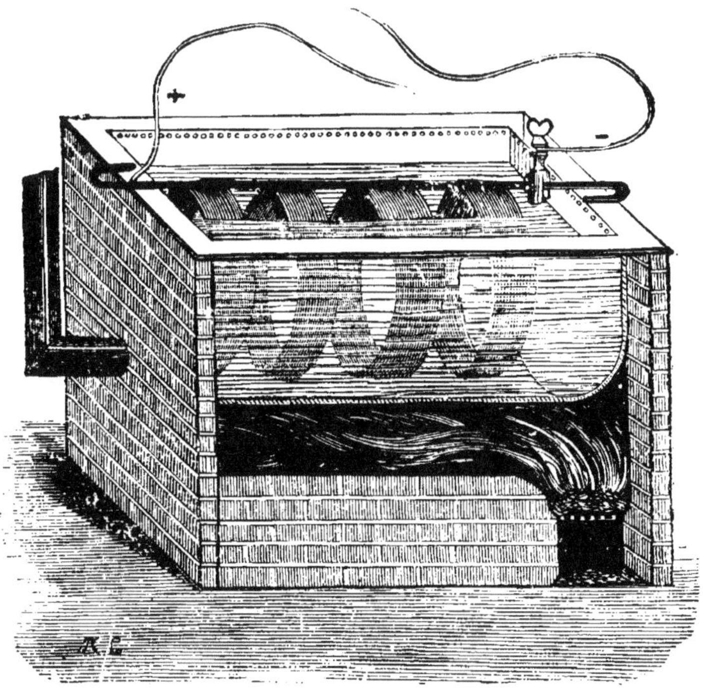

Fig. 46.

Le laitonisage des fils de fer ou de zinc se fait dans
l'appareil représenté par la figure 46.

Selon Kick pour *colorer des objets de laiton*
par galvanoplastie, on les fait servir d'anodes dans
un bain que l'on prépare en dissolvant 1 kilogramme
de potasse caustique dans 4 kilogrammes d'eau. en
versant dans ce liquide bouillant quelques cuillerées
de massicot ou de litharge en poudre et en laissant
reposer quelque temps.La décomposition galvanique
produit, sur l'objet suspendu servant d'anode, un
mince précipité de peroxyde de plomb, qui selon son

épaisseur, prend diverses couleurs : rouge, rouge bleu, vert, gris. On retire l'objet dès qu'on a obtenu la teinte convenable.

Comme il est très difficile, avec un courant intense, d'obtenir des teintes uniformes, on opère avec des courants modérés. On prend pour cathode une feuille de platine.

Pour que la distance entre les diverses parties de la surface de l'objet et la cathode ne soit pas trop inégale, on ploie cette feuille de manière à former un tube entourant l'objet.

Bronzage galvanique.

Formule du bain de Salzède.

Cyanure de potassium. . . . . . . 50 grammes.
Carbonate de potassium. . . . . 500 —
Chlorure stanneux (sel d'étain). 12 —
Chlorure de cuivre. . . . . 15 —
Eau. . . . . 5000 —

Préparation du bain de Ruolz.

On prend 5000 parties d'eau ; on y fait dissoudre assez de cyanure de potassium pour marquer 4° au pèse-sel, la température étant de 25° ; on fait également ment dissoudre dans cette liqueur, à une température de 50 à 60°, 30 parties de cyanure de cuivre sec ;

puis on ajoute au mélange, à la même température,
10 parties de bioxyde d'étain, et, après quelque temps,
l'on filtre ou l'on décante pour séparer une portion
de l'étain qui a été réduit à l'état métallique.

Dépôt de bronze sur le zinc.

L. Maiche a réalisé en 1864 le dépôt électrolytique
du bronze sur le zinc d'art, au moyen de bains alcalins de cyanure de cuivre et d'étain avec des traces
d'arsenic. La couche de bronze ainsi obtenue était
très compacte et brillante.

Les différentes nuances du bronze étaient obtenues
en faisant varier l'intensité du courant.

Les anodes étaient formées de lames composées de
80 pour cent de cuivre pur et de 20 pour cent d'é-
tain.

Dépôt d'alliage de zinc, d'étain et de cuivre.

On obtient un dépôt de cet alliage en électrolysant
une solution composée de cyanure double de cuivre
et de potassium, additionnée de zincate et de stan-
nate de potassium.

Dépôt d'alliage de zinc, de cuivre et de nickel.

Le bain proposé par Morris et Johnson est le suivant :

Cyanure de potassium. . 500 grammes.
Carbonate d'ammonium . 500　　»
Eau . . . .　2,5 litres.

On opère à la température de 60°.

L'anode est constituée par de l'argent allemand (alliage de zinc, de cuivre et de nickel); par l'action du courant, celle-ci se dissout et l'alliage se transporte sur la cathode.

Si le dépôt obtenu est *rougeâtre*, on ajoute au bain un peu de carbonate d'ammonium; si le dépôt est *trop gris*, on y ajoute un peu de cyanure de potassium.

Nickelage galvanique.

Le nickelage et la reproduction galvanoplastique en nickel s'opèrent dans des bains ammoniacaux dont on a beaucoup discuté la composition. Selon Bouilhet, la condition principale pour que l'enduit ait un bel aspect et se conserve longtemps, c'est que les bains soient neutres, ou à peu près, et soient maintenus neutres pendant la durée de l'opération, sinon, l'enduit devient gris et cassant.

La présence de la soude ou de la potasse ne gêne pas l'opération, cependant le meilleur bain est celui qui ne se compose que de sulfate double ammoniacal.

Vu l'importance du sujet, nous décrirons avec quelques détails les procédés usités dans quelques établissements pour déposer du nickel sur des objets de cui-

vre, de bronze, de laiton ou d'autres alliages conte-
tenant du cuivre en quantité prédominante.

Il faut distinguer entre la préparation du *nickel
poli* et celle du *nickel vif*.

Dans la première, il s'agit de traiter des objets
déjà polis dont nous n'avons pas examiner ici les détails de la préparation.

Les objets étant polis on les plonge successivement
dans les bains suivants :

Bain de décapage.

Acide sulfurique. . . 250 cm³
Eau chaude. . . . . . 10 litres.

Bain de potasse.

Potasse d'Amérique. . 1 kg.
Eau chaude. . . . . . 10 —

On emploie ce bain pour toutes les pièces à nickeler (fonte ordinaire polie, fonte malléable polie, acier,
fer, laiton, étain et métal anglais) à l'exception de la
fonte brute.

Pérille conseille de brosser les pièces au pétrole
avant de les plonger dans le bain de potasse.

Bain de cyanure.

(Bain de blanchiment).

Cyanure de potassium. 500 grammes.
Eau. . . . . 10 litres.

Ce bain sert à enlever les traces d'oxyde qui ont pu se former sur les pièces de laiton ou de cuivre après qu'elles ont été nettoyées.

Pérille remplace le bain de cyanure par le bain de blanchiment suivant :

> Acide sulfurique. . . 2 litres.
> Acide azotique. . . . 1 —
> Suie calcinée. . . . . 1 décilitre.
> Chlorure de sodium . 1 —

On ne se sert de ce bain que six heures après sa préparation.

Tous les matins, avant de commencer le travail, il faut ajouter une nouvelle quantité de suie et de chlorure de sodium.

Lorsque la pièce à nickeler a quitté le bain de blanchiment, on la lave avec soin, dans divers réservoirs que traverse de l'eau courante fraîche et pure, puis on la transporte dans le bain de nickelage, contenu, comme le sont les bains galvanoplastiques ordinaires ou mieux les bains d'argenture et de dorure avec courant extérieur, dans une capsule de porcelaine ou de bois intérieurement revêtu de gutta-percha. Sur les bords se trouve de petits appuis de bois sur lesquels passent les fils conducteurs. Les anodes de nickel sont suspendues au crochet du fil conducteur positif; les objets à nickeler sont attachés aux crochets du pôle négatif.

Quand l'objet sort du bain, on l'immerge dans de l'eau chaude, puis on le dessèche dans de la sciure de bois ; enfin on le met dans un drap et on le polit au brunissoir.

Le *Nickel vif* se fait avec des objets non polis, mais qui doivent être décapés avec d'autant plus de soin. La méthode ne diffère pas beaucoup.

Si les objets à nickeler sont en fer, en acier ou en fonte, on les plonge 15 à 20 minutes dans une solution aqueuse, bouillante, de 15 à 20 pour cent de potasse, puis dans de l'eau saturée de potasse et de chaux éteinte ; on les brosse vivement, on les lave à l'eau pure et on les met dans le bain de nickel.

Bien que la fonte, le fer et l'acier puissent être nickelés directement, il est préférable de les recouvrir d'une mince couche de cuivre en les plongeant pendant quelques instants dans le bain suivant :

Bain de cuivre au trempé.

Sulfate de cuivre. 100 grammes.
Acide sulfurique. . 100   —
Eau distillée. . . . 10 litres.

Dans les bains de nickelage, les anodes solubles doivent être en nickel pur ; les anodes insolubles peuvent être en platine ou en charbon, de préférence en platine.

Avec les anodes en nickel, le bain finit par se troubler par suite de la formation d'une certaine quantité d'oxyde de nickel. On y remédie par l'addition d'un peu d'acide citrique. Avec les anodes en platine ou en charbon, le bain devient acide; on le neutralise alors par du carbonate de nickel délayé dans l'eau.

Pour obtenir un beau dépôt, il faut que le bain soit neutre ou presque neutre.

On peut aussi faire usage tout à la fois d'anodes solubles et d'anodes insolubles.

On arrivera à proportionner convenablement leur nombre par tâtonnement, en commençant avec deux anodes insolubles pour une anode soluble, qui est approximativement la proportion convenable pour obtenir la constance du bain.

Dans la pratique on emploie généralement des anodes dont la surface est un peu plus grande que les pièces à nickeler.

Pour 100 litres de solution, Sprague indique comme maximum 85 décimètres carrés de surface, et Pérille 40 décimètres carrés.

Suivant H. Fontaine, quand on fait usage de piles pour produire le courant électrique, il faut, autant que possible, que la surface totale des objets suspendus dans le bain soit approximativement égale à la surface du zinc des éléments employés.

La dynamo employée au nickelage doit avoir une force électromotrice pouvant varier de 1 à 8 volts.

Sprague conseille de commencer par 5 volts et de terminer par 1 volt.

Deval indique comme moyenne, pour un bain renfermant 10 g. de nickel par litre, un dépôt de 1,8 g. par heure et par décimètre carré.

Enfin la température du bain de nickelage doit être d'environ 40°.

Voici maintenant la composition de quelques bains les plus employés dans le nickelage.

Formule du bain d'Adams.

Sulfate double de nickel et d'ammonium. 1 p.
Eau distillée. . . . . 10 »

Bain de Pfanhauser.

Chlorure, azotate ou sulfate de nickel. . . 1 p.
Chlorure d'ammonium. . . . . 1 »
Eau distillée. . . . . 20 »

Formule du bain de Roseleur.

Sulfate double de nickel et d'ammonium. 400 g.
Carbonate d'ammonium . . . . 300 »
Eau distillée . . . . 10 lit.

On fait dissoudre les deux sels à la température ordinaire ou à une douce chaleur, dans une partie des 10 litres d'eau ; on verse la dissolution filtrée ou décantée, dans la cuve destinée à contenir le bain ; on ajoute le complément des 10 litres d'eau, et on mélange en agitant.

Formule du bain de Boden.

Sulfite de soude liquide à 25°. . . . . 10 litres.
Azotate de nickel . . . . 500 grammes.
Ammoniaque 500   —

Formule du bain de Weiss.

Sulfate de nickel. . . . 200 grammes.
Chlorure d'ammonium. 100   —
Acide citrique. 10   —
Eau distillée. . . . . . .   5 litres.

Formules des bains de Weston.

Bain (*a*).

Chlorure de nickel. .   5 parties.
Acide borique.   2   —
Eau distillée. 100   —

Bain (*b*).

Sufate de nickel . . . . 3 parties.
Acide borique 1   —
Eau distillée 60   —

Selon Weston la présence de l'acide borique em-
pêcherait les combinaisons basiques de nickel de se
former à la cathode.

On améliore encore les deux bains à l'acide borique
en leur ajoutant de la potasse, de la soude ou de la
chaux, tant que le précipité formé par cette addition
se redissout.

Le nickel précipité de ces solutions est, paraît-il,
très adhérent, très mou, très flexible et très malléable.

On peut, à ce qu'il paraît, polir ou estamper de

la tôle nickelée par ce procédé, sans altérer le dépôt.

Formules des bains de Powell.

Bain (*a*).

Sulfate de nickel. . 270 grammes.
Citrate de nickel. . 200 —
Acide benzoïque. . 70 —
Eau distillée . . . . 10 litres.

Bain (*b*).

Chlorure de nickel. . 140 grammes.
Citrate de nickel. , . . 140 —
Acétate de nickel . . . 140 —
Phosphate de nickel. 140 —
Acide benzoïque. . . . 70 —
Eau distillée. . . . . . 10 litres.

On dissout d'abord les sels dans l'eau bouillante,
puis on y ajoute l'acide benzoïque et l'on continue à
chauffer jusqu'à ce que tout l'acide se soit dissous.
Selon Powell, par l'addition de l'acide benzoïque on
obtiendrait un bel enduit, blanc d'argent, adhérent et
uniforme. De plus, grâce à cette addition, la solution
se conserve plus longtemps, les anodes se dissolvent
rapidement, et la densité du liquide ne change pas.

Observations de Langbein sur les bains de nickelage.

Selon Langbein, tous les bains de nickel qui contiennent du chlorure de nickel, de l'azotate de nickel
et du chlorure d'ammonium ne permettent pas d'opérer un nickelage solide, durable, protégeant les
métaux contre les influences atmosphériques, car,
surtout avec le fer nickelé, ils favorisent la corrosion
plutôt qu'ils ne l'empêchent, même quand ces bains
sont faiblement alcalins. La formation de la rouille
ne provient pas de ce que les objets nickelés ont été
insuffisamment lavés, car elle se produit même quand
ils ont été passés huit fois à l'eau pure et rincés à
l'eau distillée chaude. L'addition du chlorure d'ammonium favorise, il est vrai, la formation du dépôt,
mais aux dépens de l'uniformité et de la densité. Un
dépôt ainsi obtenu, pour ainsi dire forcé, n'a pas les
propriétés voulues ; il est plus grossier, il ne couvre
pas uniformément le métal qui lui sert de base ; enfin
le nickel qui s'est déposé sous l'influence du chlorure
d'ammonium est excessivement mou, grave défaut,
car dans les applications on a souvent besoin de
donner à un métal mou une plus grande résistance
au moyen du précipité de nickel. L'addition d'une
forte dose de sulfate d'ammonium a l'inconvénient de
donner une teint mate aux objets qui sont dans le
bain, de les *surnickeler*, avant que la couche de

nickel soit devenue assez épaisse. Le bain de nickel à l'acide borique de Weston, fournit des résultats passables ; toutefois le précipité laisse beaucoup à désirer sous le rapport de l'uniformité ; il s'effeuille souvent, surtout quand la couche de nickel est assez épaisse.

Nickelage du zinc.

Procédé Meidinger. — On commence par amalgamer le zinc sur lequel on dépose ensuite par voie galvanique une couche de nickel. Le bain de nickel doit être aussi neutre que possible.

D'après H. Fontaine, le nickel déposé sur le zinc amalgamé est plus résistant et plus beau que celui déposé sur le zinc cuivré.

Pour nickeler le maillechort il serait aussi préférable de l'amalgamer préalablement.

Procédé de Neumann, Schwartz et Weill. — Ce procédé, employé à Fribourg, comprend six opérations.

1º *Décapage* des feuilles de zinc (solution de potasse) ;

2º *Polissage*, au moyen d'une brosse chargée de safran ;

3º *Dégraissage* ; on frotte la feuille de zinc avec de la benzine, on la sèche dans de la sciure de bois et ensuite on la brosse avec du blanc d'Espagne ;

4° *Cuivrage;*

5° *Nickelage;*

6° *Polissage final;* la feuille nickelée est soumise à l'action d'un système de brosses animé d'un mouvement rotatoire.

Cobaltisage galvanique.

Pour recouvrir d'une couche de cobalt les objets métalliques, on emploie de préférence les bains suivants :

Bain I.

(a)
| Cyanure de potassium. | 10 grammes. |
| Eau . . . . | 100 — |

(b)
| Chlorure de cobalt . . . | 20 — |
| Eau. . . . . | 200 — |

On verse la solution (*a*) dans la solution (*b*) ce qui donne lieu à un précipité de cyanure de cobalt. On sépare le précipité par la décantation ou filtration et on le jette dans une solution composée de :

Hyposulfite de sodium. . 100 grammes.

Eau . . . . 700 —

On cobaltise presqu'à l'ébullition.

Bain II.

Sulfocyanure de potassium. 10 grammes.

Chlorure de cobalt . . . . . 20 —

Eau distillée. . . . . 1000 —

Antimoniage galvanique.

L'antimoine, déposé galvaniquement, a l'aspect du platine gris. Il s'obtient aisément de la manière suivante :

On fait bouillir pendant une heure environ, dans une capsule en porcelaine :

Eau. . . . . 10 lit.
Carbonate de sodium. . . . . 1000 g.
Sulfure d'antimoine en poudre fine. . . . . 500 »

On filtre la solution bouillante qui abandonne par le refroidissement de l'oxysulfure d'antimoine (kermès). On fait bouillir de nouveau cette poudre avec le liquide qui la surnage, et c'est dans la liqueur qui résulte de la nouvelle dissolution qu'on opère l'antimoniage.

On emploie une anode en antimoine, et l'on opère à chaud.

Nous recommandons l'emploi de ce bain, qui peut rendre d'assez grands services dans un grand nombre de cas, en remplaçant le platinage ou l'oxydé sur l'argent, dont le prix est bien supérieur. L'antimoniage réussit non-seulement sur le cuivre et ses alliages, mais aussi sur le fer et la fonte.

Bismuthage galvanique.

Ses applications sont peu importantes ; le dépôt de bismuth n'est pas plus beau que celui d'antimoine, auquel il ressemble beaucoup, et son prix de revient beaucoup plus élevé. Cependant, à titre de curiosité, nous dirons que De Plazanet a réussi à couvrir de bismuth en couche brillante et adhérente plusieurs objets, par la méthode que voici :

On précipite une solution d'azotate acide de bismuth par la potasse caustique, et on redissout le précipité dans une quantité suffisante de sulfite de soude. On opère à la température ordinaire et avec un faible courant.

Zincage galvanique.

Le zincage galvanique s'effectue trés-facilement dans les bains suivants :

I.

Eau.	10 litres
Chlorure de zinc	500 grammes.
Cyanure de potassium.	500 —

II.

Eau	100 parties.
Alun	10 —
Oxyde de zinc .	1 —

On maintient le bain à une température supérieure à 15°. Les pièces de fer plongées dans ce bain et en rapport avec la cathode de la pile, se couvrent immédiatement de zinc métallique susceptible d'un poli brillant par le frottement, et parfaitement adhérent si le fer a été bien décapé.

III.

Cyanure de potassium. . . .	7 parties.
Carbonate.	2,5 —
Ammoniaque (D = 0,880). . .	2,5 —
Eau distillée	100 —

On ajoute à cette solution 3,600 kg. de cyanure de zinc.

Pour les tôles de fer, on dispose alternativement une feuille de zinc, une feuille de fer, une feuille de zinc et ainsi de suite. Toutes les feuilles de zinc sont reliées au pôle positif et toutes les feuilles de fer sont mises en communication avec l'autre pôle de la dynamo.

Le zincage galvanique est peu employé parce qu'il ne protège pas le métal sous-jacent contre l'oxydation avec autant d'efficacité que le zincage par immersion dans un bain de zinc fondu qu'on appelle très improprement *galvanisation*.

Ferrage galvanique.

La principale application du ferrage est de rendre plus durables les planches gravées ou les clichés galvanoplastiques destinés à l'impression.

On obtient des résultats satisfaisants à l'aide du procédé qui consiste à opérer dans du chlorure double d'ammonium et de fer.

On a également indiqué comme donnant un bon dépôt de fer le bain suivant :

Sulfate de sodium. . . . . 1 kg.
Sulfate de fer et d'ammonium. 1 »
Eau . . . . 10 »

Aciérage des clichés.

Le cliché à aciérer préalablement dégraissé à la potasse, est relié au pôle négatif d'une pile de 2 à 3 éléments de Bunsen puis plongé dans une solution à 16 pour cent de carbonate d'ammonium servant de bain galvanique. Le circuit est complété par une anode en fer très pur plongeant dans la même solution.

Lorsqu'on juge que la couche de fer est suffisamment épaisse, on retire le cliché du bain, on le lave d'abord à l'eau chaude, puis à l'eau froide, on l'essuie et, finalement on le recouvre d'une couche de cire fondue, qu'on enlève ensuite au moment de s'en servir.

Pour l'*aciérage des planches gravées*, on emploie une solution de chlorure d'ammonium au dixième et un courant de 2 volts. L'anode est constituée par une plaque de fer.

La planche doit être lavée à la potasse, puis à l'eau avant d'être plongée dans le bain.

Sous l'action du courant, il se produit un double effet : l'électrode positive en fer est attaquée ; il se forme dans le bain un chlorure de fer ammoniacal qui est décomposé à son tour, et le fer se dépose sur l'électrode négative, c'est-à-dire sur la planche gravée.

Plombage galvanique.

Pour plomber le cuivre et les métaux cuivrés ainsi que la fonte, le fer et l'acier, Weil a indiqué le procédé suivant :

Le métal que l'on veut recouvrir d'un dépôt galvanique de plomb est plongé dans une solution d'acétate ou d'azotate de plomb additionnée d'un excès de lessive concentrée de soude caustique (1).

L'objet à plomber est mis en contact avec une lame de zinc, et le bain est chauffé entre 50 et 100°.

Dans ces conditions cependant le dépôt que l'on obtient renferme toujours un peu de zinc.

Pour avoir un dépôt de métal pur et d'une épais-

(1) C'est Ruolz (1841), qui employa le premier comme bain de plombage une solution alcaline d'oxyde de plomb (hydrate de plomb dissous dans une lessive de soude ou de potasse).

seur croissante, il est préférable de placer dans le vase qui contient la solution alcaline de plomb (acétate ou azotate de plomb et soude), un vase poreux renfermant une lessive de soude dans laquelle plonge une lame de zinc.

L'objet à plomber est immergé dans le vase exté·rieur, et la communication de l'objet avec le zinc est établie au moyen d'un fil conducteur (*Traité théorique et pratique d'électrochimie*, par D. Tommasi).

Etamage galvanique.

Roseleur a proposé le bain suivant :
        Eau distillée . . . .   50 litres.
        Pyrophosphate de sodium.   500 grammes.
        Chlorure stanneux fondu.   50   —

On dissout le pyrophosphate dans l'eau, puis on plonge dans cette solution un tamis de toile métallique en cuivre rempli de chlorure stanneux et l'on agite fortement le liquide. Il se produit tout d'abord un précipité blanc, laiteux, qui ne tarde pas à disparaître. Les anodes en étain ne suffisent pas à entretenir le bain à saturation ; il faut quand le dépôt se ralentit, plonger dans le bain pendant quelque temps le tamis en cuivre contenant une petite quantité d'un mélange à parties égales de chlorure stanneux et de pyrophosphate (*Traité théorique et pratique d'électrochimie,* par D. Tommasi).

Maistrasse a obtenu, paraît-il, de meilleurs résultats en employant le bain suivant :

Solution de soude caustique à 3° Baumé.   100 lit.
Chlorure stanneux. . . . .   10 g.
Cyanure de potassium. . . . .   30 »

On opère avec des anodes en étain.

Hesse a recommandé un bain d'étain composé de :

Eau . . . .   1000 grammes.
Phosphate de sodium . .   50   —
Chlorure d'ammonium .   50   —
Chlorure stanneux. . . .   25   —

Hern a proposé le bain suivant :

Acide tartrique. . . . . .   62 grammes.
Carbonate de sodium. . .   90   —
Chlorure stanneux. . . .   90   —
Eau. . . . .   3 litres.

Alfred Cox a recommandé le procédé suivant pour l'étamage du plomb.

On précipite par le phosphate de sodium une solution concentrée de chlorure stanneux du commerce. On lave le précipité (mélange de phosphate stannique et d'oxyde stanneux), et on le redissout dans une lessive de soude concentrée, après avoir ajouté à la solution cinq pour cent d'ammoniaque caustique. On décompose par le courant électrique la solution étendue d'eau.

DEUXIÈME PARTIE

GALVANOPLASTIE.

Jusqu'ici nous ne nous sommes occupé que des dépôts en couches minces et destinés à faire corps avec le métal sous-jacent, nous allons maintenant parler des dépôts en couches épaisses et qui doivent le plus souvent du moins, être séparés du moule ou de l'objet sur lequel ils ont été effectués.

Nous avons cru devoir comprendre sous la dénomination de galvanoplastie, non-seulement les opérations ordinairement désignées sous ce nom, c'est-à-dire les opérations qui constituent l'art de reproduire par l'électricité un objet donné, mais encore tous les dépôts en couches minces ou épaisses. L'identité des procédés à appliquer, celle des bains et des appareils employés nous ont paru une raison suffisante pour adopter cet ordre, et pour prendre le mot *galvanoplastie* dans un sens un peu plus général qu'on ne le fait de coutume.

Quatre métaux principalement ont jusqu'à ce jour
été obtenus en couches épaisses, se sont : le fer,
le cuivre, l'argent et l'or.

Le plus important de beaucoup par le nombre de
ses applications et la facilité avec laquelle on l'obtient
industriellement est le cuivre, et nous en ferons une
étude spéciale ; mais il convient d'abord de faire suc-
cinctement l'historique des découvertes diverses, qui
ont amené successivement la galvanoplastie au degré
de perfection que nous admirons aujourd'hui.

Il nous semblerait injuste de décerner à un seul
savant, à l'exclusion de tous les autres, le titre d'*inventeur* de la galvanoplastie, car cette découverte est
à la fois l'œuvre du temps et celle de divers savants
qui tous, dans des parts plus ou moins grandes, ont
contribué à la compléter. Volta, le premier, après
avoir découvert l'admirable appareil qui porte son
nom, étudia les effets de décomposition de la pile sur
les dissolutions salines. Brugnatelli poussa plus loin
les observations, mais en restant dans le domaine de
la théorie. Daniell, dont la pile peut être considérée
comme le premier appareil de galvanoplastie qui ait
été construit, observa le dépôt de cuivre métallique
effectué sur les parois du vase en cuivre qu'il employait, et remarqua la similitude qui existait entre
les inégalités de la surface du vase et celles du cuivre
qui s'y était déposé.

La galvanoplastie se trouve en germe dans ce seul
fait, mais ce germe ne devait être fécondé que plus

tard, car de la Rive lui-même, tout en ayant signalé avec soin le même fait et constaté que *la feuille de métal ainsi formée offre, après avoir été enlevée, une copie fidèle de chaque éraillure de la plaque métal-lique sur laquelle elle reposait,* ne songea pas à éten-dre aux applications industrielles le résultat de ses observations.

Deux hommes ont surtout attaché leur nom à la dé-couverte ou plutôt à la vulgarisation de la galvano-plastie, nous avons nommé Jacobi et Spencer. On a cherché à attribuer tantôt à l'un, tantôt à l'autre de ces deux savants le mérite exclusif de cette impor-tante découverte. Un examen attentif et impartial de ce qui a été écrit à ce sujet nous a donné l'entière conviction que Spencer ignorait aussi complètement les travaux de Jacobi, lorsqu'il reproduisait par la galvanoplastie des monnaies et des médailles, que Jacobi ignorait lui-même les découvertes de Spencer, lorsqu'il faisait les siennes (1).

Quoi qu'il en soit, c'est en 1837, que Jacobi parvint à reproduire dans la pile de Daniell des plaques de cuivre recouvertes de signes en creux ou en relief. En 1838, il songea à employer un bain séparé de la pile et une anode soluble. C'était ce que nous nom-mons l'appareil composé, et, si cet appareil a l'in-convénient d'être plus dispendieux que l'appareil

(1) D'après certains auteurs anglais, cette grande et utile décou-verte est due réellement à Spencer, cependant il paraît certain que Jacobi ne connaissait pas les expériences de ce savant.

simple, on doit néanmoins recourir à son emploi dans certains cas particuliers, la ronde-bosse, par exemple. Au début on ne pouvait opérer qu'avec des moules métalliques, lorsque Jacobi, dans une expérience qu'il faisait avec la pile de Daniell, remarqua que les vases poreux qu'il employait comme diaphragmes, reproduisaient, recouvertes d'un dépôt de cuivre, les marques qu'il y avait faites avec la plombagine d'un crayon. Dés lors, l'emploi comme moule galvanoplastique d'une substance quelconque non conductrice, le plâtre ou la cire à cacheter, par exemple, devenaît possible, en ayant soin de rendre l'intérieur de ce moule conducteur par une couche de plombagine ; de là surtout (ce qui est le plus grand essor de la galvanoplastie industrielle), date l'emploi de la gutta-percha qui, appliquée à chaud sur l'objet, reproduit tous les détails avec une fidélité étonnante. La découverte des propriétés de la plombagine fut faite en France par Bocquillon, à la même époque que par Jacobi, en Russie. A peu près pendant la même époque, Spencer était parvenu à reproduire des médailles par la galvanoplastie, et on en trouvait à Liverpool dans le commerce, dés 1839.

Il perfectionna ensuite ces procédés et dirigea surtout ses travaux vers la reproduction des objets d'art, pendant que Jacobi s'occupait plus spécialement de la reproduction des planches gravées destinées à l'impression.

Pour ne pas nous étendre outre mesure sur ces

questions historiques, nous nous contenterons de citer les noms des savants distingués et expérimen- tateurs habiles, qui se sont le plus spécialement occupés de galvanoplastie et auxquels cette science doit la plupart de ses progrès. Ce sont : Becquerel, Bocquillon, Elsner, Grove, Smée, Elkington, Solly, Sorel, Chevallier, Roseleur et Lenoir.

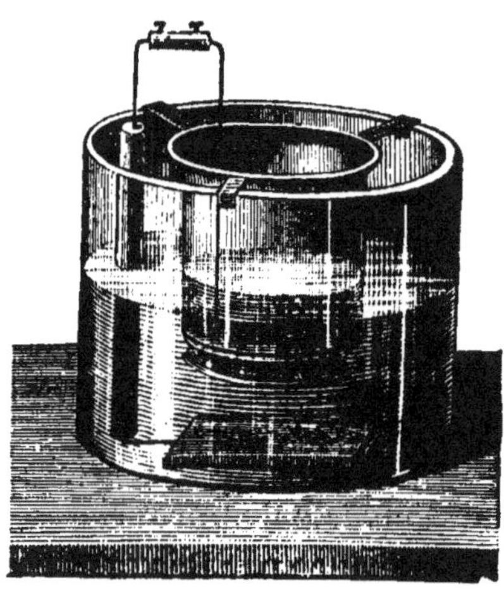

Fig. 47.

Appareils. — Bien que la galvanoplastie puisse avoir à exécuter des opérations aussi multiples que diverses, et se proposer des résultats variés presque à l'infini, il n'en procède pas moins toujours à l'aide des mêmes bains et des mêmes appareils électriques.

Ces appareils forts simples que nous allons décrire en quelques mots sont de deux sortes : l'appareil *simple*, et l'appareil *composé*.

Au nombre des appareils du premier groupe, dits appareils *simples*, il faut compter celui qui a été décrit par Jacobi.

L'appareil Jacobi se compose (fig. 47), d'un vase de verre contenant une solution concentrée de sulfate

Fig. 48.

de cuivre, et d'un cylindre de verre, intérieur plus court, ouvert en haut, fermé en bas par une membrane animale, et rempli d'acide sulfurique étendu.

Une plaque de zinc est librement suspendue dans

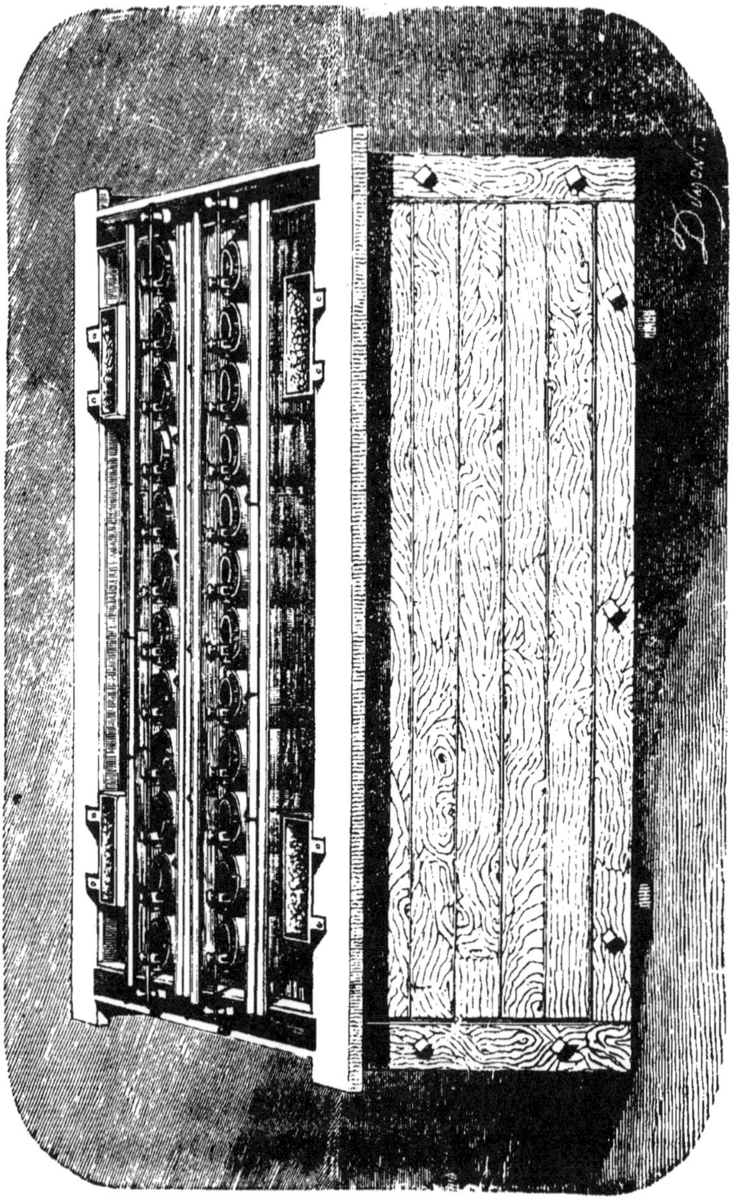

Fig. 49.

le cylindre de verre intérieur ; l'objet à recouvrir
repose sur la plaque de cuivre au fond du verre.
La plaque de zinc et le cuivre sont réunis par un fil
conducteur isolé dans la solution de sulfate de cuivre. Au lieu du cylindre intérieur à diaphragme,
on peut prendre aussi un vase de terre poreuse.

La fig. 48 indique la disposition d'un appareil
simple dont on se sert généralement pour reproduire
de petits objets.

La fig. 48 représente un appareil simple tel qu'on
l'emploie en industrie.

Les appareils, que nous venons de décrire. ne conviennent pas très-bien pour cuivrer de grands objets
sur toutes les faces ; car ils n'agissent guère que
d'un côté (dans la direction du zinc).

On peut dans ce cas, recourir à une disposition
semblable à celle que représente la fig. 50.

Contre les parois d'un vase spacieux, une cuve,
par exemple, il y a un grand nombre de vases poreux, rapprochés les uns des autres. Les cylindres
de zinc qui se trouvent dans ces vases poreux sont
réunis ensemble par un fil conducteur.

Une croix de fil de laiton, reposant sur le cuivre,
sert à suspendre l'objet à cuivrer ; celui-ci (le buste
que représente la fig. 50, par exemple), se recouvre
de métal uniformément, car les diverses parties sont
également éloignées des cylindres de zinc.

Quelles que soient d'ailleurs la forme ou la dimension de l'appareil, il se compose toujours : 1º d'un

vase extérieur en gutta-percha, grès, verre, etc., inattaquable à l'acide sulfurique dilué ; 2º d'un ou plusieurs diaphragmes en porcelaine dégourdie ou en terre de pipe ; 3º d'une lame de zinc plongée dans ce vase ; 4º d'une galerie en cuivre fixée au zinc et destinée à supporter les objets ; on remplit le vase extérieur avec une solution de sulfate de cuivre, et on met dans le diaphragme de l'eau acidulée à 3 centièmes d'acide sulfurique.

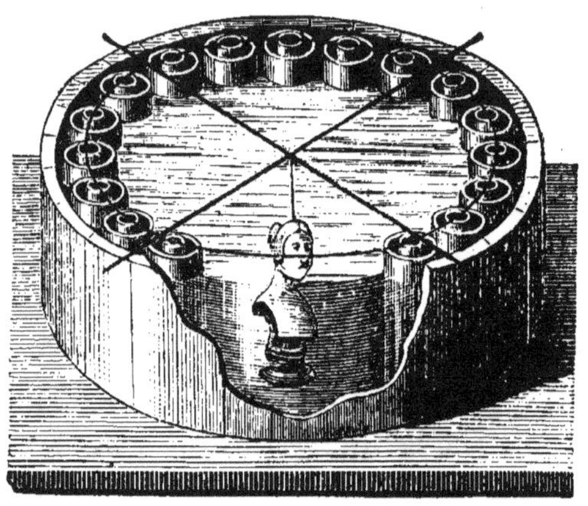

Fig. 50.

L'appareil simple, comme on le voit, n'est autre chose que la pile de Daniell, dans laquelle l'électrode en cuivre de cette pile est remplacé par l'objet lui-même.

Lorsqu'on emploie l'appareil simple, on a ensemble, dans le même récipient, et le liquide à décomposer et la source d'électricité. L'objet à recouvrir fait lui-même partie du couple voltaïque.

L'appareil simple présente cependant deux graves
inconvénients, celui de tendre à s'aciduler de plus
en plus, et celui de se charger constamment de sulfate de zinc. On remédie au premier inconvénient en
entretenant à certains intervalles le bain à l'aide
d'oxyde de cuivre hydraté ou de carbonate de cuivre,
et en saturant ainsi l'excès d'acide sulfurique libre.
Quant au sulfate de zinc, lorsqu'il est devenu trop
abondant, on est obligé d'évaporer le liquide et de
retirer le sulfate de cuivre par cristallisation. Le sulfate de zinc reste dans les eaux-mères.

Ces inconvénients ont conduit les praticiens à se
servir de préférence de l'appareil *composé*.

Dans l'appareil composé, la source d'électricité
(pile (1) ou machine dynamo-électrique (2)), est extérieur au liquide à décomposer. Ce dernier est contenu dans une cuve ordinairement en bois doublé de
gutta-percha, qui porte deux galeries de cuivre, dont
l'une, mise en communication avec le pôle positif de
la pile, supporte de larges lames de cuivre rouge, et
l'autre reçoit les objets.

Les anodes de cuivre rouge ont pour objet de
maintenir le bain à saturation en se dissolvant au fur
et à mesure de l'opération dans l'acide sulfurique
mis en liberté.

L'action qui se produit est très simple. Le sulfate
de cuivre décomposé par l'électricité se dédouble en

(1) Voir la page 54.
(2) Voir la page 66.

cuivre métallique qui se porte au pôle négatif et en
acide sulfurique et en oxygène qui se rendent au
pôle positif, ainsi que le montre l'équation suivante :

$$SO^4Cu + H^2O \begin{cases} Cu \text{ (pôle négatif).} \\ SO^4H^2 + O \text{ (pôle positif).} \end{cases}$$

L'anode en cuivre se trouvant donc en présence de
l'oxygène et de l'acide sulfurique se combine avec
ces corps et régénère le sulfate de cuivre.

Il semble donc inutile de remettre du sulfate de
cuivre dans ce bain ; cependant, en pratique, les
choses ne se passent pas tout à fait ainsi, et l'on est
obligé de temps en temps d'enrichir le bain, par l'addition de quelques cristaux de sulfate de cuivre pour
le maintenir à saturation.

Pour que la dissolution de ce sel se fasse aisément,
il faut le placer à la partie supérieure du bain dans
des paniers en gutta-percha ou en grès.

La fig. 51 représente un appareil *composé* qui consiste en un récipient imperméable contenant la solution métallique à électrolyser.

Au-dessus du récipient se trouvent deux tiges métalliques, l'une reliée avec l'un des pôles de la pile, ou
de la dynamo, l'autre avec l'autre pôle. A la tige
reliée au pôle négatif on suspend les objets à métalliser, à la tige reliée au pôle positif, on suspend
l'anode, qui est généralement une plaque du métal
en solution ; une plaque de cuivre pour le cuivrage,
une plaque d'argent pour l'argenture, etc.

Pour les grandes opérations, par exemple pour

l'argenture en grand on se sert généralement de
caisses allongées, hautes et larges de 90 cm., longues
de 1,80 m., garnies intérieurement de gutta-percha
pour que le liquide ne puisse pas pénétrer dans le
bois ; à des distances de 30 à 60 cm. des plaques

Fig. 51.

d'argent d'une largeur égale à la section de la caisse
sont suspendues dans le liquide ; dans les intervalles
se trouvent les objets à argenter.

La fig. 52 représente une disposition de ce genre.
Les plaques d'argent positives communiquent toutes
les unes avec les autres, par l'intermédiaire d'un
cadre-support auquel aboutit le fil conducteur. Les

objets à argenter, cuillères et fourchettes, par exemple, sont suspendus à de minces fils conducteurs enroulés chacun autour d'un fil de laiton qui leur sert de support. Les fils de laiton reposent sur la caisse par deux de ses bords et sont reliés avec le fil venant du pôle négatif.

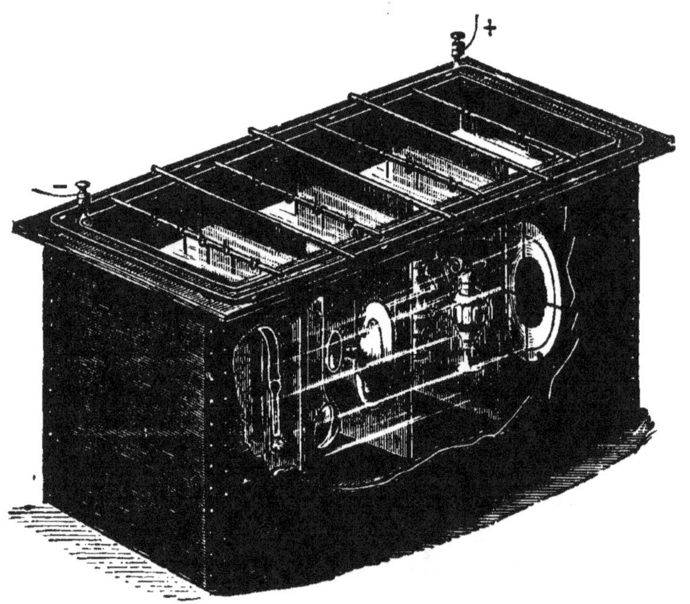

Fig. 52.

Composition des bains pour le moulage, la métallisation et l'électrotypie.

Eau . . . . 10 litres.
Acide sulfurique. . . 1 litre ou 825 g.
Sulfate de cuivre. . . autant que cette solution peut en dissoudre.

Le bain saturé doit avoir une densité de 1,21.

Il importe d'apporter le plus grand soin dans le choix du sulfate de cuivre. Il se trouve fréquemment dans le sulfate du commerce des impuretés nuisibles et notamment du sulfate de fer et du sulfate de zinc.

On ajoute quelquefois à ce bain, pour obtenir un meilleur dépôt, 4 grammes d'acide arsénieux ou 5 grammes de chlorure stanneux.

La cuve galvanoplastique ne doit contenir ni fer, ni zinc, ni étain, ces métaux décomposant le sulfate de cuivre.

INFLUENCE DE L'INTENSITÉ DU COURANT SUR LA NATURE DU DÉPÔT DE CUIVRE.

(Sprague).

Poids déposé en grammes par heure et par dm².	Intensité du courant en ampères par dm².	Nature du dépôt de cuivre.
0,1	0,085	Excellente couche.
0,4	0,342	Bon cuivre tenace.
3,0	2,6	Magnifique dépôt.
12,0	10,2	Très bon.
50,0	42,7	Sablonneux sur les bords.
124,0	106,0	Mauvais sur tout le contour.

Suivant H. Fontaine, pour bien opérer, il ne faut pas en pratique dépasser un ampère par décimètre carré de surface de cathode, lorsque les anodes sont en cuivre chimiquement pur.

D'après de nombreuses expériences exécutées par Thenard, il résulterait que dans les limites de l'expérience, la totalité du cuivre déposé dans le même temps augmente avec le nombre des bains, quoique les cathodes de chacun d'eux se chargent d'une moins grande part de métal. Ainsi pour un bain le poids total de cuivre déposé en 20 minutes a été trouvé égal à 1,640 gramme, tandis qu'en employant 16 bains la quantité de cuivre a été de 19,360 g.

Le gain par cathode de chacun des 16 bains était égal après 20 minutes à 1,210 g.

Cela n'est vrai que si les bains sont disposés en tension, car s'ils étaient montés en surface la somme des dépôts resterait constante quel que fût le nombre des bains.

D'autre part, Gramme a observé qu'en employant le courant d'une dynamo la quantité de cuivre déposée pour une intensité donnée, était la même lorsqu'on opérait sur un seul bain ou sur plusieurs bains (36), placés tous en dérivation. Mais au contraire le dépôt de cuivre augmentait avec le nombre des bains si ceux-ci étaient placés en tension, et en outre le poids du dépôt variait non seulement en quantité absolue, mais même par rapport au travail dépensé dans l'opération.

Ainsi le poids de cuivre par kilogrammètre a varié depuis 1,58 g., jusqu'à 23,18 g. et même jusqu'à

140 gr., tandis que lorsque les bains étaient placés en dérivation le poids de cuivre déposé n'a pas été, toute chose étant égales d'ailleurs, supérieur à 1,96 g. (*Traité théorique et pratique d'électrochimie*, par D. Tommasi).

Métallisation.

Le plus souvent la métallisation se fait à l'aide de la plombagine, soit pure, soit préparée à l'aide de sels d'or, d'argent ou de platine, de façon à être plus conductrice. La plus facile à préparer est la plombagine *dorée*, qu'on obtient de la manière suivante. Dans un litre d'éther sulfurique, on fait dissoudre 10 grammes de chlorure d'or, et on broie avec ce liquide 1 kilogramme de plombagine aussi fine et aussi pure que possible. On laisse l'éther se volatiser, et le chlorure d'or, en se réduisant à l'état métallique sous l'influence de l'air et de la lumière, laisse autour de chaque grain microscopique de plombagine une quantité de métal infiniment petite, mais suffisante néanmoins pour en accroître notablement la conductibilité.

Les matières perméables doivent avant leur immersion dans le bain être protégées contre l'action du liquide. Presque toutes les substances grasses peuvent procurer ce résultat ; il en est de même de la stéarine, de la cire et du spermaceti. Il importe de chauffer et de bien égoutter la pièce après l'immersion dans la substance destinée à la rendre imperméable, si on ne veut en perdre les finesses.

Toutes les applications possibles de la galvanoplastie peuvent être obtenues à l'aide de l'un des deux appareils que nous venons de décrire et qu'on applique suivant les besoins de l'opération spéciale qu'on a en vue. Les opérations galvanoplastiques varient presque à l'infini, soit dans les moyens d'exécution, soit dans les résultats qu'on cherche à obtenir, néanmoins on peut toutes les ranger dans les quatre catégories suivantes :

1° Dépôt sur métal avec adhérence.

2° Dépôt sur métal sans adhérence.

3° Dépôt sur un corps non métallique destiné à rester fixé à ce corps.

4° Dépôt sur un corps non métallique destiné à en être séparé.

Nous allons examiner chacun de ces groupes successivement, et signaler les principales applications que nous rencontrerons dans chacun d'eux.

1° Dépôt sur métal avec adhérence. — Lorsqu'on a besoin d'une épaisse couche de cuivre, le bain alcalin ne saurait être employé tant à cause du prix élevé qu'à cause de l'impossibilité d'obtenir une couche assez épaisse ; on a recours, dans ce cas, au bain acide de galvanoplastie. C'est ce qui arrive dans la dorure mate sur zinc. Après un premier dépôt dans un bain au cyanure double de potassium et de cuivre destiné à préserver le zinc de l'action acide du bain de sulfate de cuivre, on obtient dans ce dernier un dépôt plus ou moins épais suivant le degré de mat que l'on désire.

L'inventeur de ce procédé, Ph. Mourey, a obtenu de très beaux échantillons de cette dorure qui peut lutter comme richesse de ton avec la plus belle dorure au mercure.

C'est aussi par une méthode analogue que s'obtiennent les dépôts épais sur fer, fonte, etc., par exemple sur les pièces destinées à la marine, clous. plaques de blindage, etc.

La *Thétis* a été cuirassée à Toulon avec des plaques de tôle revêtue d'abord d'une couche de cuivre mince dans un bain alcalin, puis d'une très-forte couche dans le bain acide ou de galvanoplastie.

Le procédé Weill, dont nous avons déjà parlé (1). peut remplacer le bain au cyanure pour la première couche, et le cuivre qu'il fournit se prête de la même façon au dépôt galvanoplastique.

2° Dépôt sur métal sans adhérence. — Si on a un objet métallique, tel que médaille, ornements. planche gravée, etc., on peut en obtenir une reproduction sans recourir au moulage. Il suffit pour cela de soumettre cet objet à l'action du bain, après l'avoir légèrement huilé ou plombaginé pour éviter l'adhérence. On obtiendra en creux les reliefs de l'objet, et le moule pourra servir à obtenir un dépôt qui sera l'exacte reproduction de l'objet.

(1) Voir la page 40.

Cette opération ne réussit pas toujours, car la moindre négligence peut amener l'adhérence en quelques points entre l'objet et le moule, et il en peut résulter la perte de l'objet.

Aussi a-t-on recours d'ordinaire pour les objets de grande valeur, comme les planches gravées, à l'intermédiaire de l'argent.

On obtient un moule en argent qui n'a jamais d'adhérence avec la planche de cuivre, et c'est cette planche d'argent que l'on soumet au bain de galvanoplastie pour obtenir la reproduction.

Le seul inconvénient de ce procédé est d'exiger un grand capital immobilisé par les bains d'argent, les anodes et les planches d'argent.

3º Dépôt sur un objet non métallique destiné à lui rester uni. — On recouvre parfois certains objets non métalliques d'une couche plus ou moins épaisse de cuivre, soit pour leur donner l'apparence d'un métal, soit pour leur prêter la consistance qui leur manque et en assurer la durée.

Les statuettes en plâtre, les fleurs, les fruits, les oiseaux, les vases en terre ou en bois peuvent ainsi recevoir un dépôt de cuivre à la condition d'avoir été préalablement bien métallisés. Le plâtre ne présente aucune difficulté, on se contente, après l'avoir imperméabilisé, de le frotter avec de la plombagine ou de la poudre de bronze très-fine. Mais il n'en est pas de même dans tous les cas.

Pour arriver à métalliser des objets aussi délicates

que des fleurs ou des plumes, on ne peut songer à ce
moyen mécanique.

On a recours alors à la métallisation par voie humide qui consiste à imprégner l'objet d'une solution
de nitrate d'argent qu'on réduit à l'état métallique,
soit par un courant d'hydrogène, soit en l'exposant
aux vapeurs du sulfure de carbone phosphoré (De
Plazanet).

Pour métalliser les substances organiques, Caze-
neuve a indiqué le procédé suivant (1) :

On plonge la substance à métalliser dans de l'alcool
méthylique (esprit de bois), contenant 10 pour cent
d'azotate d'argent et 3 pour cent d'acide azotique.

Après une macération plus ou moins longue, suivant le cas, l'objet est égoutté, puis séché à l'aide
d'une agitation rapide. Encore légèrement humide,
il est mis au-dessus d'une solution saturée de gaz
ammoniac.

Quelques secondes d'exposition suffisent à la formation de l'azotate double d'argent et d'ammonium
très facilement réductible. La dessiccation de l'objet
est achevée à une douce température. On fait alors
intervenir les vapeurs mercurielles. Une cuvette à
double fond reçoit le mercure à sa partie supérieure,
et, à sa partie inférieure de l'eau est maintenue bouillante à l'aide d'une faible flamme. L'objet suspendu à
peu de distance de la surface mercurielle est complétement métallisé au bout de quelques minutes. Avec

____

(1) *Traité théorique et pratique d'électrochimie*, par D. Tommasi.

un peu d'habitude, on reconnait le moment où l'objet peut être porté dans le bain de cuivre (1).

Pour le cuivrage des corps non métalliques, Hockin recommande de les plonger dans du collodion ioduré, puis de les immerger dans une solution d'azotate d'argent, et de les exposer à la lumière pendant quelques secondes, puis de précipiter l'argent à l'état métallique à l'aide d'un bain de sulfate ferreux acidulé à l'acide azotique et, finalement, de déposer le cuivre sur ces objets au moyen d'une solution de sulfate de cuivre presque neutre.

Dans d'autres cas on recouvre une partie seulement de l'objet d'un dépôt de cuivre, et le métal sert principalement à l'ornementation de l'objet. C'est ce qui arrive pour les poteries et les cristaux.

Il faut recourir dans ce cas à un moyen de métallisation spécial, s'il s'agit d'objets de prix et qu'on désire une grande finesse de détails. Voici comment on procède.

On fait une bouillie claire en broyant du chlorure d'or ou du chlorure de platine avec de l'essence de lavande, et on dessine au pinceau avec cette bouillie, les ornements destinés à l'objet. On porte ensuite celui-ci dans une moufle où on le soumet à une chaleur suffisante, pour détruire l'essence de lavande. Le sel d'or ou de platine est réduit à l'état métallique et a laissé sur l'objet le dessin qu'on y avait tracé. Rien de plus facile alors que d'obtenir sur les

(1) Pour la composition du bain, voir page 164.

parties métalliques un dépôt de cuivre, le burin achève l'œuvre.

Quand il s'agit de poteries communes, on se contente de dessiner avec un vernis les ornements voulus, et on métallise le vernis avec de la poudre de bronze avant qu'il soit entièrement sec. Il n'y a pas adhérence dans ce cas entre la couche de cuivre et l'objet ; pour qu'il y ait une certaine solidité, les dessins doivent former une sorte de réseau enveloppant le vase.

Une application bien autrement importante que les précédentes est le procédé de Oudry, que nous faisons rentrer dans la catégorie des dépôts sur objets non métalliques, parce que, bien que le corps à recouvrir soit la fonte de fer, la surface est devenue non métallique par l'application d'un vernis.

Le procédé Oudry consiste à recouvrir les objets en fonte d'un vernis gras, à métalliser ensuite ce vernis à l'aide de la plombagine et à soumettre au bain de galvanoplastie la pièce ainsi préparée. Les avantages et les inconvénients de cette méthode sont faciles à saisir. L'inconvénient capital est le manque d'adhérence. Il peut arriver que, lorsqu'une partie du cuivre enveloppant est usée ou arrachée, des parties considérables se détachent à la suite. En un mot, par la méthode Oudry, on emprisonne l'objet dans une enveloppe de cuivre, mais on n'effectue pas un dépôt métallique adhérent. Un autre inconvénient est de détruire en partie par l'application du vernis les finesses des contours de l'objet.

Les avantages de cette sorte de dépôt sont principalement : 1º de supprimer l'emploi des bains de cyanure pour déposer une première couche : cette condition est importante pour les pièces de grande dimension, parce qu'il est difficile d'obtenir un premier cuivrage parfait sur de grands objets en fonte plus ou moins oxydée et rugueuse, et qu'une imperfection dans ce premier cuivrage entraînerait l'insuccès de toute l'opération ; 2º le vernis gras employé préserve le métal sous-jacent de l'oxydation, de sorte qu'au cas ou le cuivre viendrait à manquer en certains points, la fonte se trouverait encore protégée pour un temps assez long.

On peut donc dire que le procédé ingénieux de Oudry présente de réels avantages lorsqu'il s'agit de protéger contre l'oxydation et de revêtir de l'apparence du bronze des pièces monumentales exposées à l'air et à la pluie.

On aurait en revanche raison d'en proscrire l'application pour le cuivrage des objets finement sculptés dont on empâterait les détails les plus délicats. L'inventeur a du reste compris dès longtemps le but auquel il devait tendre et a suivi la véritable voie du succès.

Ce procédé a déjà fait ses preuves ; il n'est peut-être pas, à l'heure qu'il est, une seule des grandes voies, places ou squares de Paris, où ne se trouvent des spécimens de ce procédé.

Les plus connus et les plus importants sont les fon-

taines, statues et lampadaires qui décorent la place de
la Concorde.

**4° Dépôt sur un objet non métallique, destiné à
être séparé de cet objet.** — Nous arrivons au cas
principal de la galvanoplastie qui constitue à lui seul
ce qu'on entend le plus ordinairement par galvanoplastie proprement dite, c'est-à-dire la reproduction
d'un objet par la galvanoplastie.

Un objet quelconque étant donné, nous pouvons le
reproduire de deux façons différentes, suivant que
nous voulons conserver le modèle ou qu'il n'y a pas
d'inconvénient à le détruire.

Supposons qu'on puisse détruire l'objet et qu'il
s'agisse par exemple d'une médaille en plâtre.
Après l'avoir stéarinée et plombaginée avec soin,
nous la déposerons dans le bain jusqu'à ce qu'elle se
soit recouverte d'une couche de cuivre assez épaisse
pour présenter de la consistance. On séparera alors
la médaille du dépôt de cuivre, le plus souvent en la
détériorant, mais cela nous importe peu, puisque
nous possédons maintenant un moule résistant, inaltérable, qui nous permettra d'obtenir autant de *fac-
simile* que nous voudrons de la médaille primitive,
soit en plâtre, soit en cuivre.

On peut même arriver, avec quelques soins, à
reproduire d'une seule pièce un buste en plâtre, et
lui substituer un buste identique en cuivre.

Pour cela, après avoir recouvert d'une couche continue de cuivre le buste tout entier, dans un bain dis-

posé comme à l'ordinaire, nous détruisons le plâtre et nousnous servons de l'enveloppeen cuivre comme du vase extérieur d'un élément Daniell, c'est-à-dire que nous l'emplissons de sulfate de cuivre et que nous plaçons au centre un diaphragme contenant de l'eau acidulée et une lame de zinc.

Il se déposera à l'intérieur du moule en cuivre une couche de cuivre qui, mise à nu en déchirant l'enveloppe extérieure, constituera une reproduction fidèle du modèle.

Supposons maintenant que nous ayons à reproduire un objet qu'il ne faut pas risquer d'altérer ou de détruire, un objet d'art précieux, par exemple un riche coffret. Nous ne pouvons plus opérer comme tout à l'heure et soumettre l'objet lui-même à l'action du bain ; car alors même que le sulfate acide de cuivre ne l'altérerait pas, nous risquerions fort de le compromettre quand il s'agirait de démouler.

Dans ce cas on opère, non pas sur l'objet lui-même, mais sur une empreinte aussi fidèle que possible à l'aide d'une matière plastique.

La substance la plus employée, celle qui prête aux arts galvanoplastiques le plus précieux concours, c'est la gutta-percha. Nous dirons quelques mots du moulage à la gutta-percha, et aussi du moulage à la gélatine, qu'on lui substitue quelquefois pour les objets présentant des parties de difficile dépouille.

. On peut mouler à la gutta de deux façons différentes, à la main ou à la presse, ce dernier mode est préférable lorsqu'on peut l'appliquer sans risquer de briser l'objet ; il exige un matériel assez considérable.

On dispose l'objet à mouler dans un châssis de dimension convenable ; après l'avoir plombaginé ou huilé pour éviter l'adhérence, on place au-dessus une quantité de gutta suffisante qu'on a préalablement ramollie par l'action de la chaleur, on presse lentement et on laisse refroidir à moitié, on plonge alors l'objet dans de l'eau froide et on démoule.

Le moulage à la main se peut faire de deux façons différentes, ou bien on place l'objet et la gutta dans un four chauffé à 125° environ, et on laisse la fusion s'opérer, on retire du four et on pétrit avec la main qu'on a soin de mouiller pour éviter l'adhérence de la gutta-percha, on s'arrête lorsqu'on suppose que la gutta a bien pénétré dans tous les fonds, on refroidit et on démoule.

Le moulage à la gélatine est extrêmement facile à réussir. puisqu'il s'agit simplement de verser sur l'objet, entouré d'un rebord en papier ou en carton, la gélatine encore liquide et de démouler lorsqu'elle s'est solidifiée. La gélatine a le grave inconvénient de se ramollir et de se déformer dans le bain de galvanoplastie ; on évite en partie cet inconvénient en additionnant la gélatine de 2 p. 100 de son poids d'acide tannique, et de 4 p. 100 de sucre. On doit aussi avoir soin de revêtir d'un vernis la face extérieure du moule.

Lorsqu'on a obtenu un moule par l'un des moyens

précédents et qu'on l'a métallisé, il ne reste plus qu'à procéder comme dans un des cas précédents pour obtenir une reproduction de l'objet si celui-ci a pu être moulé d'une seule pièce ; dans le cas contraire, on a fait autant de moules qu'il a été nécessaire pour pouvoir démouler aisément, et on réunit à l'aide de soudures les diverses pièces obtenues.

On conçoit que pour la ronde-bosse, par exemple, cette méthode serait longue, incommode et ne saurait donner que des résultats imparfaits ; aussi a-t-on recours à un autre procédé indiqué en 1841 par Parkes, en Angleterre, puis perfectionné et appliqué par Lenoir.

Procédé Lenoir. — Ce procédé appliqué en grand à l'industrie, notamment par la maison Christofle et Cie, a une telle importance pour la reproduction des grandes œuvres d'art, que nous n'hésitons pas à entrer à ce sujet dans quelques détails.

Le problème à résoudre était celui-ci : un modèle parfait étant donné, en tirer galvanoplastiquement, et d'un seul jet, un nombre indéfini d'épreuves tellement identiques au type, que l'œil le plus exercé, celui même de l'artiste, ne pût distinger son œuvre propre de la reproduction.

On va voir par quelle série de moyens, plus ingénieux les uns que les autres, Lenoir est arrivé à la solution désirée. Prenons pour exemple une statue, celle que représente la figure 53. On commence par en faire, avec la gutta-percha, un moule à pièces,

dont les différents morceaux peuvent à volonté et au
moyen de repères, reproduire un creux parfait du modèle. Dans cet état, on commence à plombaginer avec
le plus grand soin tous les intérieurs du moule.

Fig. 53.

D'autre part, avec du fil de platine, on ébauche une
carcasse qui représente, *grosso modo*, mais sur des

dimensions un peu restreintes, l'objet á reproduire.
La figure 54 montre cette carcasse qui reproduit les

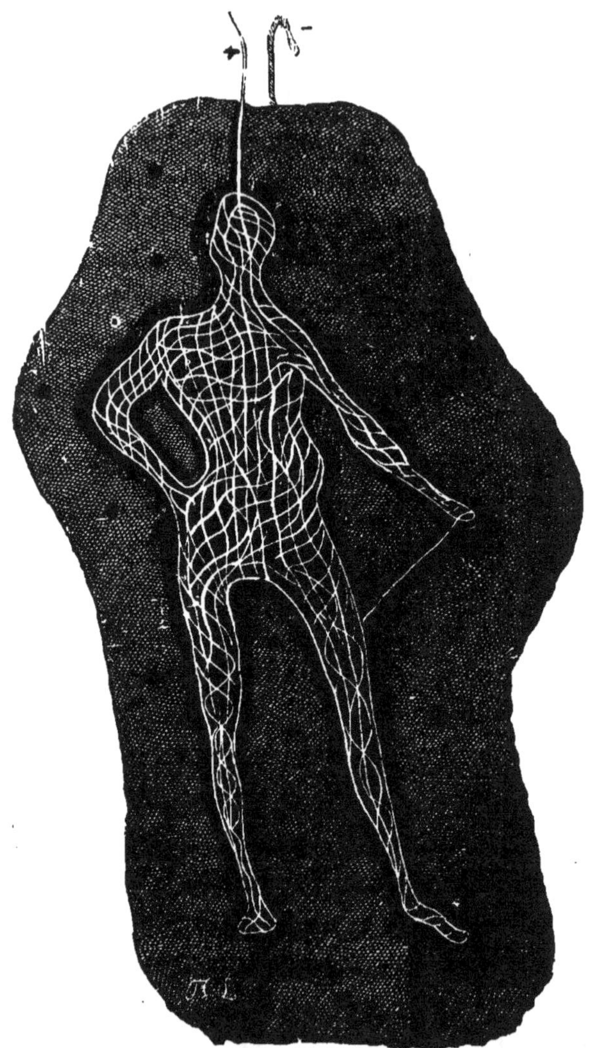

Fig. 54.

formes générales de la statue. La carcasse devra être
un peu plus petite que le moule pour pouvoir être
suspendue dans son intérieur, sans qu'il y ait aucun
point de contact.

On comprend déjà que, si maintenant on enferme
la carcasse dans le moule reconstitué par ses diverses
parties, et bien métallisé par la plombagine, et qu'on
introduise le tout dans le bain galvanoplastique,
en reliant, par un conducteur, la surface intérieur du
moule au pôle négatif, pendant que la carcasse, qui
ne doit toucher en aucun point la surface plombaginée, se reliera elle-même au pôle positif, on comprend, que la portion de bain qui remplit la cavité du moule va se décomposer, et que le cuivre
viendra s'appliquer intérieurement à ce même moule
pour en reproduire les plus imperceptibles détails. Il
suffira donc, lorsque la couche sera convenablement
épaisse, d'enlever la gutta-percha qui compose le
moule, pour trouver dessous une statue en ronde-
bosse dont les travaux d'achèvement seront tout à
fait insignifiants comme prix.

Mais si les choses s'expliquent et se comprennent
ainsi facilement par la théorie, elles ne sont pas d'une
exécution pratique aussi commode, et on va voir de
quelles précautions ingénieuses l'inventeur a dû s'en-
tourer pour mener l'œuvre à bonne fin.

D'abord rien n'était plus difficile à constater, une
fois le moule refermé sur la carcasse anode, que
l'absence absolue de points de contact entre ces deux

objets. Pour éviter sûrement ces contacts, Lenoir a
eu l'idée de faire courir en spirale, sur toutes les
parties externes de l'anode de platine, un fil de caoutchouc qui, par son épaisseur, s'opposait au rappro-
chement de la surface métallisée et du fil de platine.
Ce caoutchouc n'étant pas conducteur du fluide électrique, il importait peu qu'il vint toucher la surface
plombaginée. La décomposition galvanique n'en
marchait pas moins bien.

Mais malgré toutes ces précautions, il pouvait arriver que le dépôt de cuivre qui se formait à l'intérieur
prenant une épaisseur de plus en plus grande, et
diminuant par suite petit à petit l'intervalle laissé
primitivement entre l'anode et la cathode, ces deux
surfaces vinssent enfin à se toucher par un point, ce
qui arrêtait immédiatement l'opération, sans que
l'opérateur pût le constater à aucun signe extérieur.

C'était là un inconvénient grave et qui, à lui seul,
pouvait anéantir dans la pratique le procédé tout
entier. On comprend, en effet, que dans une même
cuve renfermant un grand nombre de moules à
reproduire, il suffisait qu'un point de contact s'établit
entre les deux pôles (moule et carcasse), pour que
toute l'électricité de la batterie, trouvant un chemin
plus facile et meilleur conducteur que le bain qu'elle
devait décomposer en le traversant, s'écoulât tout
entière par cette voie sans aucun profit pour l'opération.

Pour obvier à cette éventualité si redoutable, Lenoir
a imaginé le moyen suivant :

Tous les moules d'un même bain sont soutenus
dans le liquide par des crochets qui reposent sur une
tringle et qui les prennent à l'extérieur sans avoir
aucune communication avec la face plombaginée.
Quant à ces intérieurs, ils sont muni chacun d'un
petit conducteur métallique qui se continue hors du
bain par un fil de fer fin comme un cheveu, et tous ces
fils de fer se réunissent au pôle négatif de la pile.
Quand aux attaches des carcasses de platine, elles
sortent par la même ouverture que le conducteur de
la partie plombaginée, mais sans le toucher, bien entendu, et vont se relier au pôle positif de la même
pile (fig. 55).

De cette organisation, il résulte qu'en l'absence
absolue de points de contacts entre les carcasses et
les intérieurs de moules, le fluide électrique trouve
un passage suffisant par l'ensemble des fils de fer
qui relient les moules à la batterie ; mais, que si un
seul point de contact vient à s'établir dans un des
moules par le grossissement du dépôt, le circuit voltaïque se trouvant fermé par ce point toute l'électricité
prend alors cette route, et, comme elle est trop
abondante pour la petite section du fil de fer, elle le
rougit rapidement, le brûle avec éclat et le coupe. Il
en résulte instantanément la cessation du travail galvanoplastique pour la pièce dont le fil de fer est rom-
pu, mais la reprise de ce même travail pour toutes

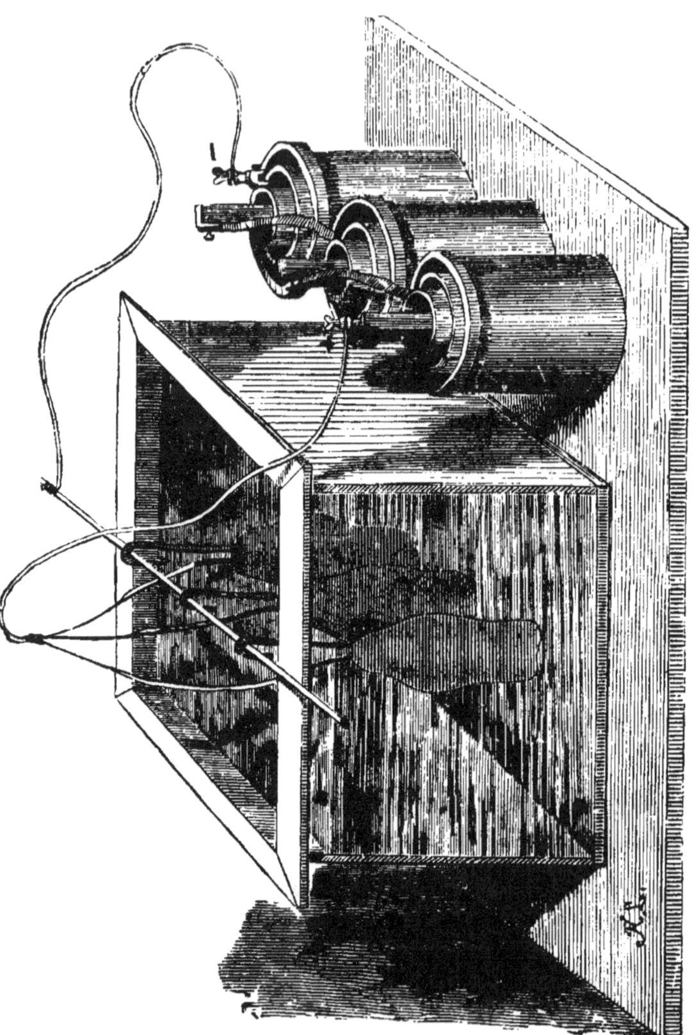

Fig. 53.

les autres. De plus l'opérateur sait immédiatement où
il doit porter remède.

Le fil de fer doit être très court pour qu'il puisse
brûler plus rapidement: un ou deux centimètres
suffisent.

Enfin, on comprend facilement que la carcasse
anode en platine restant tout à fait insoluble, et ne
pouvant réparer les pertes du bain à mesure que son
cuivre se dépose, il en résultera bien vite que le
moule ne contiendra plus que de l'eau acidulée par
l'acide sulfurique du sel de cuivre. De là la nécessité
de laisser aux extrémités inférieures de la statue,
sous la plante des pieds, par exemple, deux trous par
lesquels le bain saturé de cuivre, et par conséquent
plus dense, rentrera pour remplacer l'eau acidulée
plus légère qui gagnera la surface de la cuve en
s'échappant par le trou réservé au sommet de la tête
lequel sert aussi à donner passage aux deux conducteurs de l'anode et du moule (fig. 56).

Lorsque l'opération sera achevée, il suffira donc
d'enlever le moule en gutta de faire sortir de force la
carcasse anode, pour obtenir une statue à laquelle il
faudra boucher trois trous, enlever quelques rébar
bes aux coutures du moule, mais qui, dans les por-
tions capitales, sera la reproduction rigoureusement
exacte du modèle primitif.

Aujourd'hui on a substitué l'anode de plomb à
l'anode de platine, ce qui permet de reproduire de

grands objets sans immobiliser un capital considérable (1).

Fig. 56.

(1) Pour un kilogramme de cuivre déposé il faut de 120 à 140 fr. de fil de platine.

Le plus bel exemple de galvanoplastie en ronde-bosse obtenue par le procédé Lenoir est le groupe monumental de l'Opéra de Paris, exécuté par la maison Christofle et Cie.

Il a plus de cinq mètres de hauteur et a été reproduit d'après le modèle exécuté par Gumery, et à l'aide d'une carcasse en plomb formant l'énorme anode insoluble qui suivait approximativement les sinuosités de la cavité formée par la réunion de moules en gutta-percha.

On voyait à l'exposition de 1867, dans le kiosque de Oudry, une fort belle reproduction galvanoplastique effectuée d'une seule pièce dans les ateliers de cet habile industriel. Nous voulons parler du bas-relief de l'arc de triomphe de Constantin.

Ce bas-relief, qui est un des plus précieux monuments de l'art romain, avait été surmoulé en plâtré par ordre de l'empereur Napoléon III ; c'est sur cette reproduction en plâtre que Oudry a obtenu les moules en gutta-percha à l'aide desquels il est parvenu à reproduire, en cuivre galvanoplastique dans un seul bain, cette belle page de l'art antique qui n'a pas moins de 3,60 m. de hauteur, sur 2,20 m. de largeur.

Dans la classe 40 de la même exposition, on remarquait avec intérêt une statue d'environ 1 mètre de haut, laissée dans l'état même où elle était sortie du bain de galvanoplastie. Les extrémités des doigts seules présentaient des imperfections et réclamaient le concours du ciseleur. On pouvait donc, à ce seul aspect, juger des résultats importants que peut donner entre d'habiles mains le procédé Lenoir.

Nous aurons encore à mentionner les tubes sans soudures obtenues par Federowky, qui constituent une ingénieuse et utile application de galvanoplastie.

Galvanoplastie d'argent.

Le bain qui sert à obtenir des reproductions, en argent, de bijoux ou de petits objets d'art, se compose des mêmes éléments que le bain d'argenture, les proportions seules varient.

On obtient de bons résultats avec un bain composé comme nous allons l'indiquer.

On met en dissolution 1 kilogramme de nitrate d'argent et on le précipite à l'aide de l'acide cyanhydrique ; on dissout le cyanure d'argent ainsi obtenu dans 3 kilogrammes de cyanure de potassium, mis en dissolution dans de l'eau distillée, et on complète 20 litres de liquide.

L'important est de proportionner la quantité d'électricité à la densité du bain et à la surface des objets ; on y arrive assez vite après quelques tâtonnements, et alors, en maintenant le bain sensiblement dans les proportions indiquées ci-dessus, on aura constamment un dépôt de bonne nature.

Galvanoplastie d'or.

La galvanoplastie d'or a moins encore d'applications que celle d'argent, car le prix de la matière première est tel qu'il y a peu d'intérêt à diminuer d'une manière peu sensible le prix d'un objet en substituant la galvanoplastie au travail de l'artiste.

Cependant on l'emploie quelquefois pour reproduire des bijoux très délicats, très finement ciselés et qui ont par suite une valeur artistique indépendante de la valeur intrinsèque du métal.

Voici une formule qui est recommandée par Roseleur :

<pre>
Eau distillée. . . . . . .   1 litre.
Chlorure d'or . . . . . .   50 grammes.
Cyanure de potassium.   150   —
</pre>

Galvanoplastie de fer.

Au premier abord on se demande si la galvanoplastie de fer peut avoir des applications sérieuses ; car le prix très peu élevé des objets en fer, fonte et acier, semble ne pas permettre à la galvanoplastie de pouvoir rivaliser sur ce point avec la métallurgie ordinaire.

Cela n'est pourtant pas toujours exact, il peut y avoir intérêt à reproduire en fer des objets gravés, par exemple, des burins, des planches destinées à un grand nombre de tirages.

De plus on donne de la rigidité aux planches en cuivre en opérant sur la face postérieure un dépôt de fer.

Feuquières a résolu d'une manière complète le problème de réduire à l'état métallique le fer de ses dissolutions.

Il a pu obtenir des planches d'une finesse extrême, des objets d'une dimension assez considérable, bouclier, casques, armure, produits par la galvanoplastie en fer de plusieurs millimètres d'épaisseur et possédant toutes les qualités caractéristiques de ce métal.

Samson a également étudié les dépôts de fer et est parvenu à de remarquables résultats, mais sans arriver toujours et à coup sûr à un succès complet.

On obtient un dépôt de fer de qualité convenable, en faisant agir un courant extrêmement faible sur une dissolution maintenue à saturation de chlorure d'ammonium et de sulfate ferreux.

Il importe que la liqueur ne devienne pas acide et que le fer reste à l'état de sel de protoxyde.

APPENDICE

UNITÉS DE MESURE.

UNITÉS FONDAMENTALES.

Système C.G.S. (centimètre, gramme, seconde).

Unité de temps. — L'unité C.G.S. de temps est la *seconde* sa valeur est la $\dfrac{1}{86,400}$ partie du jour moyen solaire. Symbole $=$ T.

Unité de longueur. — L'unité C.G.S. de longueur est le *centimètre*. Sa valeur est la centième partie du mètre.

Le *mètre* est la dix-millionnième partie du quart du méridien terrestre. Symbole $=$ L.

Unité de masse. — L'unité C.G.S. de masse est le *gramme* sa valeur est égale à la masse d'un centimètre cube d'eau distillée à la température de 4°. Symbole $=$ M.

Multiples et sous-multiples.

Multiples		Sous-Multiples.	
Méga ou Meg désigne	1000000 unités	Deci	$\frac{1}{10}$ de l'unité.
Myria	10000 —	Centi......	$\frac{1}{100}$ —
Kilo...............	1000 —	Milli.......	$\frac{1}{1000}$ —
Hecto...............	100 —	Micro ou Micr.	$\frac{1}{1000000}$ —
Déca...............	10 —		

Ainsi, par exemple, un megohm désigne un million d'ohms ; milli-ampère, la millième partie d'un ampère, etc.

UNITÉS GÉOMÉTRIQUES.

Unité de surface = 1 centimètre carré, cm².
Unité de volume = 1 centimètre cube, cm³.

UNITÉS MÉCANIQUES.

Unité de force. — L'unité C. G. S. de force porte le nom de *dyne.* Symbole = F.

La dyne est la force qui, agissant sur l'unité (masse de 1 gramme), lui communique une vitesse de 1 centimètre au bout de la première seconde.

$$\text{Dyne} = \frac{1 \text{ gramme}}{980,88}$$

Un kilo-dyne, ou 1000 dynes, serait un peu plus de 1 gramme.

Un mégadyne, ou 1000000 de dynes, serait un peu plus d'un kilogramme.

Unité de travail ou d'énergie. — L'unité C. G. S. de travail porte le nom de *erg*. Symbole = W ou T.

L'erg est le produit de l'unité de force par l'unité de longueur ; sa valeur est donc de $\frac{1}{981} \times 0{,}01$ m. $= \frac{1}{981}$ grammètre ou $\frac{1}{98100000}$ kilogrammètre.

L'unité de travail employée dans la pratique est le kilogrammètre ; c'est le travail exécuté par un kilogramme qui tomberait de un mètre de hauteur.

Un kilogrammètre équivaut à :

$$9{,}81 \times 10^5 \text{ dynes} \times 10^2 \text{ centimètres} = 10^7 \times 9{,}81 \text{ ergs.}$$

Puissance. — L'unité de puissance, c'est le cheval-vapeur. Il vaut 75 kilogrammètres par seconde, ou :

$$75 \times 10^7 \times 9{,}81 = 736 \times 10^7 \text{ ergs-seconde.}$$

Chaleur. — L'unité de chaleur, c'est la calorie ; elle est égale à environ $425 \times 10^7 = 4{,}17 \times 10^{10}$ unités (C. G. S.) de chaleur.

UNITÉS ÉLECTRO-MAGNÉTIQUES.

Ohm. — L'ohm est l'unité pratique de résistance ; sa valeur légale est représentée par une colonne de mercure de 1 millimètre carré de section est de 1,06 m. de longueur à la température de la glace fondante.

L'ohm vaut 10^9 unités C. G. S.

Volt. — Le volt est l'unité pratique de force électro-motrice ; c'est la force électromotrice qui soutient un courant d'un ampère dans une résistance égale à l'ohm légal.

Le volt vaut 10^8 unités C. G. S.

Ampère. — L'ampère est l'unité pratique d'inten-sité ; c'est le courant qui produit un travail de $\dfrac{1\ \text{kgm}}{g}$ par seconde (ou la chaleur équivalente) dans un circuit de 1 ohm de résistance.

L'ampère est déterminé par la relation :

$$1 = \frac{\text{volt}}{\text{ohm}}\ \frac{10^8 E}{10^9 R} = \frac{10^8}{10^9} \qquad 1 = \frac{1}{10}$$

L'ampère est donc égal à la dixième partie de l'unité absolue (C. G. S.) d'intensité ou 10^{-1} unités C. G. S.

Coulomb. — Le coulomb est l'unité de quantité électrique c'est la quantité d'électricité qui traverse un circuit pendant une seconde, lorsque l'intensité du courant est égale à un ampère.

Le coulomb vaut 10^{-1} unités C. G. S.

1 coulomb décompose 92 microgrammes d'eau (0,000092), et il libère par conséquent 10,4 micro-grammes (0,0000104) d'hydrogène par seconde.

Farad. — Le farad est l'unité de capacité. C'est la capacité d'un condensateur qui, pour une charge de 1 coulomb, donne une f. é. m. de 1 volt.

$$C = \frac{Q}{V} \quad (1)$$

Le farad vaut 10^{-15} unités C. G. S.

Un condensateur de 1 microfarad, chargé au potentiel de 1 volt, renferme donc une quantité d'électricité égale à 1 microcoulomb. Symbole = C.

Watt. — Le watt est l'unité de puissance ou d'activité. Il est le produit des volts par les ampères.

$$E \times I = W.$$

Le watt sert à mesurer le taux d'un générateur électrique. Symbole $= W$.

1 kilogrammètre par seconde $= 9,81$ watts.

1 cheval-vapeur $= 736$ watts.

1 horse-power anglais $= 746$ watts.

Joule. — Le joule est l'unité de travail ou d'énergie. Il est le produit des volts par les coulombs, $E \times Q = J$. Symbole $= J$.

1 kilogrammètre par seconde $= 9,81$ joules.

$$1 \text{ joule} = \frac{1}{9,81} \text{ kilogrammètre.}$$

1 joule $= 10^7$ erg ou 10 meg-ergs.

(1) C, farad ; Q, coulomb ; V, volt

ÉQUIVALENTS CHIMIQUES ET ÉLECTROCHIMIQUES

NOMS DES CORPS	Symbole.	Poids atomique.	ÉQUIVALENT		Poids dégagé par 1 ampèreheure en grammes.
			chimique par rapport à H.	électrochimique en milligrammes par coulomb.	
Aluminium	Al	27,4	9,16	0,0941	0,339
Antimoine	Sb	122	40,6	0,4172	1,502
Argent...............	Ag	108	108	1,1180	4.025
Arsenic	As	75	25	0,2569	0,925
Azote	Az	14	4,7	0,0487	0,151
Baryum..............	Ba	137	68,5	0,7088	2,552
Bismuth.............	Bi	210	70	0,7194	2,590
Brome	Br	80	80	0,8280	2,981
Cadmium............	Cd	112	56	0,5797	2,087
Calcium.............	Ca	40	20	0,2069	0,745
Carbone.............	C	12	3	0,0308	0,111
Chlore	Cl	35,5	35,5	0,3675	1,323
Chrome	Cr	52,4	26,2	0.2711	0,976
Cobalt	Co	59	29,5	0,3052	1,099
Cuivre (min.)	Cu	63,6	63,6	0,6536	2,353
Cuivre (max.)........	Cu	63,6	31,8	0,3263	1,185
Étain (min.)...........	Sn	118	59	0,6105	2,198
Fer (min.)............	Fe	56	28	0,2897	1,043
Fer (max.)...........	Fe	56	18,7	0,1922	0,692
Fluor...............	Fl	19	19	0,1966	0,708
Hydrogène...........	H	1	1	0,01036	0,037
Iode................	I	127	127	1,3147	4,733
Magnésium	Mg	24,4	12,2	0,1261	0,454
Manganèse	Mn	55	27,5	0,2844	1,024
Mercure (max.).......	Hg	200	100	1,0344	3,726
Nickel	Ni	59	29,5	0,3052	1,099
Or..................	Au	196,6	65,5	0,6730	2,432
Oxygène	O	16	8	0,0827	0,298
Phosphore...........	Ph	31	10,3	0,1058	0,381
Platine..............	Pt	197,2	49,3	0,5066	1,824
Plomb	Pb	207	103,5	1,0686	3,847
Potassium...........	K	39	39	0,4036	1,453
Silicium.............	Si	28	7	0,0719	0,259
Sodium	Na	23	23	0,2380	0,857
Soufre	S	32	16	0,1655	0,596
Zinc	Zn	65,4	32,7	0,3383	1,218

TABLEAU DES CONSTANTES THERMIQUES

(D. Tommasi).

Formule générale : $\Delta = \delta - \theta$

Δ, sel dont on cherche la chaleur de formation.

δ, chaleur de formation du sel de potassium ayant le même radical acide du sel Δ.

θ, constante thermique correspondant à la base du sel Δ.

Valeur de θ par rapport aux poids moléculaires des sels dissous. $(0 = 16)$		*Valeur de θ par rapport aux équivalents des sels dissous* $(0 = 8)$	
Sels d'hydrogène, ou acides.........	61,5 cal.	Sels d'hydrogène ou acides....	61,5 cal.
Sels de lithium..............	— 1,1 cal.	Sels de lithium..............	— 1,1 cal.
— sodium..............	$+$ 4,6	— sodium..............	$+$ 4,6
— argent.	87,4	— argent..............	87,4
— thallium..	62,3	— thallium..............	62,3
— magnésium	14,6	— magnésium..........	7,3
— baryum	136,2 — x (1)	— baryum..............	68,1 — x (1)
— strontium............	6,0	— strontium............	3,0

(1) x, calories de combinaison du baryum avec l'oxygène non encore déterminées.

Valeur de θ par rapport aux poids moléculaires des sels dissous $(0=16)$		*Valeur de θ par rapport aux équivalents des sels dissous* $(0=8)$	
Sels de calcium	14,0 cal.	Sels de calcium	7,0 cal.
— zinc	88,8	— zinc	44,4
— cadmium	105,4	— cadmium	52,7
— aluminium	43,3 ou $3\times43,3$	— aluminium	21,65 ou $3\times21,65$
— manganèse	73,6	— manganèse	36,8
— fer (proto)	101.6	— fer (proto)	50,8
— fer (per.)	116.4 ou 3×116.4	— fer (per)	58,2 ou $3\times58,2$
— nickel	108.0	— nickel	54,0
— cobalt	106.8	— cobalt	53,4
— cuivre	139.0	— cuivre	69,5
— mercure	142.0	— mercure	71,0
— plomb	123.2	— plomb	61,6
— étain	120,4	— étain	60,2
— étain (bi)	44,2	— étain (bi)	22,2
— or	147,0	— or	72,35
Sels d'ammonium	28,1	Sels d'ammonium	28,1
— hydroxylammonium	33,3	— hydroxylammonium	33,3
— éthylammonium	15,6	— éthylammonium	15,6
— triméthylammonium	49,1	— triméthylammonium	49,1

CHALEURS DE FORMATION DES PRINCIPAUX SELS POTASSIQUES DISSOUS

SELS	Poids moléculaires		Équivalents	
	Formules.	Chaleurs de formation.	Formules.	Chaleurs de formation.
		cal.		cal.
Fluorure de potassium	FlK	98,4	FlK	98,4
Chlorure	ClK	100,8	ClK	100,8
Bromure	BrK	91,0	BrK	91,0
Iodure	IK	74,7	IK	74,7
Cyanure	CyK	64,7	CyK	64,7
Sulfocyanate	$CySK$	81,7	CyS^2K	81,7
Chlorate............	ClO^3K	96,0	ClO^5KO	96,0
Perchlorate..........	ClO^4K	96,4	ClO^7KO	96,4
Azotate	AzO^3K	96,1	AzO^5KO	96,1
Sulfate (neutre)......	SO^4K^2	196,0	SO^3KO	98,0
Sulfate (acide).......	SO^4KH	96,0	SO^3KO,SO^3HO	96,0
Chromate	CrO^4K^2	189,2	CrO^3KO	94,6
Bichromate..........	$Cr^4O^7K^2$	191,4	$(CrO^3)^2KO$	95,7
Acétate..............	$C^2H^3O^2K$	95,6	$C^4H^3O^3KO$	95,6
Oxalate (neutre)....	$C^2O^4K^2$	193,2	$C^4O^6 2KO$	96,6
Oxalate (acide)......	C^2O^4KH	96,1	C^4O^6KOHO	96,1
Tartrate (neutre)	$C^4H^4O^6K^2$	190,6	$C^8H^4O^{10}2KO$	90,3
Tartrate (acide)......	$C^4H^4O^6KH$	95,1	$C^8H^4O^{10}KOHO$	95,1
Benzoate	$C^7H^5O^2K$	95,7	$C^{14}H^5O^3KO$	95,7

Nous allons maintenant montrer par quelques exemples, la manière dont il faut se servir du tableau des constantes thermiques pour déterminer d'une façon aussi simple que rapide, la chaleur de formation des composés dissous.

Soit à déterminer par exemple, la chaleur de formation du sulfate de cuivre dissous.

D'après la formule générale, on aurait :

$$\mathfrak{d}\ SO^4Cu = \mathfrak{d}\ SO^4K^2 - \theta Cu\ (1).$$
$$\mathfrak{d}\ SO^4Cu = 196,0\ cal. - 139,0\ cal. = 57,0\ cal.$$
$$(trouvé = 56,8).$$

Pour la chaleur de formation de l'iodure de calcium, on aurait :

$$\mathfrak{d}\ I^2Ca = 2 \times \mathfrak{d}\ IK - \theta Ca\ (2).$$
$$\mathfrak{d}\ I^2Ca = 2 \times 74,7\ cal. - 14,0\ cal. = 135,4\ cal.$$
$$(trouvé = 135,4\ cal.).$$

Pour la chaleur de formation de l'acide bromhydrique, on aurait :

$$\mathfrak{d}\ BrH = \mathfrak{d}\ BrK - \theta H\ (3).$$
$$\mathfrak{d}\ BrH = 91,0\ cal. - 61,5\ cal. = 29,5\ cal.$$
$$(trouvé = 29,5\ cal.).$$

Aux rares personnes qui s'obstinent encore à se servir des équivalents chimiques nous leur offrons les exemples suivants :

Soit à déterminer la chaleur de la formation du sulfate de cuivre dissous.

---

(1) Le signe $\mathfrak{d}$ placé devant un sel indique la chaleur de formation de ce sel. θCu = constante thermique du sodium.

(2) θCa = constante thermique de calcium.

(3) θH = constante thermique de l'hydrogène.

D'après la formule générale, on aurait :

$$\backsim SO^3CuO = \backsim SO^3KO - \theta Cu.$$
$$\backsim SO^3CuO = 98,0 \text{ cal.} - 67,5 \text{ cal.} = 28,5 \text{ cal.}$$
$$(\text{trouvé} = 28,4 \text{ cal.}).$$

Pour la chaleur de formation de l'iodure de calcium, on aurait :

$$\backsim ICa = \backsim IK - \theta Ca.$$
$$\backsim ICa = 74,7 \text{ cal.} - 7,0 \text{ cal.} = 67,7 \ (\text{trouvé} = 67,7 \text{ cal.}).$$

Pour la chaleur de formation de l'acide bromhydrique, on aurait :

$$\backsim BrH = \backsim BrK - \theta H.$$
$$\backsim BrH = 91,0 \text{ cal.} - 61,5 \text{ cal.} = 29,5 \text{ cal.}$$
$$(\text{trouvé} = 29,5 \text{ cal.}).$$

Nous pourrions, certes, multiplier ces exemples,
mais cela serait tout à fait superflu. En faisant usage
de la formule générale et en suivant les indications
que nous avons données, il sera facile de *contrôler*,
de *déterminer* ou de *prévoir* les chaleurs de formation de *tous* les sels solubles, minéraux et organiques.

TABLE DES MATIÈRES

DEUXIÈME PARTIE

APPENDICE

www.ingramcontent.com/pod-product-compliance
Lightning Source LLC
LaVergne TN
LVHW021440170726
843501LV00005B/1427